U0544930

STEVEN BARTLETT 史蒂文・巴列特

執行長日記

THE DIARY OF A CEO

✲

獻給所有曾觀看或聆聽The Diary Of A CEO的你！
謝謝你，讓我們能夠活在想像不到的偉大夢想之中。

✲

我是誰？
我憑什麼寫這本書？

　　我於四家業界頂尖企業擔任過執行長、創辦人、共同創辦人和董事會成員，這些公司在巔峰時期，累計市值總計超過十億美元。

　　目前，我是創新行銷公司 Flight Story 創辦人、軟體公司 thirdweb 的共同創辦人；另外還創立了 Flight Fund 投資基金。

　　我為自己的公司募集了近一億美元資金，並於全球僱用了數千名員工。

　　我投資了四十多家公司，同時兼任四家公司的董事會成員，其中兩家分列所屬產業的前茅，而我年方三十。

　　我身為兩家成功的行銷集團創辦人，且兩個集團在各自的產業和市場均數一數二。這代表了我職涯裡的大半時間，都在參與董事會決策，與全球各大品牌執行長、行銷長和企業領袖合作，針對行銷和品牌的網路敘事為他們提供建議。Uber、蘋果

（Apple）、可口可樂、Nike、亞馬遜（Amazon）、TikTok、羅技（Logitech），舉凡你所能想到的——都是我的客戶。

此外，過去四年，我訪問了世界上最傑出的成功人士，他們分別來自商界、體育界、娛樂界和學術界等。在長達七百小時的錄音訪談中，來賓不乏各位最喜愛的作家、演員、行銷長；全球首屈一指的神經科學家；最受歡迎的運動隊伍隊長；你最愛的運動團隊經理；大家日常使用其服務、市值高達數十億美元的企業執行長；還有世界一流的心理學家等，多不勝數，我無法一一列舉。

我透過自己的播客節目「執行長日記」（The Diary Of A CEO）發表這些訪談內容。「執行長日記」旋即成為歐洲下載次數最多的播客節目，也是美國、愛爾蘭、澳洲和中東地區排名前列的商業播客節目。它可說是當今世上成長最快速的節目之一，光在去年，聽眾數就增加了825%。

我何其有幸，擁有如此獨特的經歷。幾年前，我意識到自己掌握了無數寶貴且深具力量的資訊——而世界上很少有人能獲得這麼多情報。與此同時，我也從本身的創業之路和所進行的數百場訪談中發現，所有成敗的關鍵都不脫一套歷久不衰的法則，適用於任何產業，也適用於任何致力於建立偉大事業或出類拔萃的人。

這不是一本關於商業策略的書。策略有如季節更迭，但本書

涉及更恆久的道理，闡述了打造卓越成就和提升自我的長遠核心法則。

不論是誰、從事任何產業或職業，都能運用本書所述的法則。就算時間更迭，這些法則依然將讓人受用無窮。

書中提出的法則，主要基於心理學、科學和數個世紀以來的研究。為了進一步驗證，我也對數以萬計的人進行調查，範圍涵蓋各大洲，包含不同年齡層和行業。

★ ★ ★

本書設計基於五大核心理念：
1. **我認為多數書籍過於冗長。**
2. **我認為多數書籍不夠化繁為簡。**
3. **我相信圖示勝過千言萬語。**
4. **我相信故事比數據有力，但兩者都很重要。**
5. **我注重細節，而事實往往會從其中現身。**

簡言之，本書希望體現一句通常被認為出自愛因斯坦的話：

「凡事應力求簡單，但不是簡化。」

對我來說，這意味著以不多不少、恰到好處的內容長度，提供各條法則的眞義和說明，並使用簡潔有力的圖解和引人入勝的眞實故事來生動展現關鍵重點。

★ 追求卓越的四大支柱

打造卓越的自我與成就，必須掌握四大支柱，我稱其爲追求卓越的四大支柱。

・支柱一：掌握自我

正如李奧納多・達文西（Leonardo da Vinci）所言：「個人的成就完全取決於自我掌控的能力；個人對自我的掌控決定了成敗和對外物的影響力。成就多高，取決於自我掌控；跌得多深，則取決於自我放棄的程度。無法掌握自我，就難以支配外物。」

支柱一主要關於個人，包含個人的自我意識、自我控制、自我照顧、自我行爲、自尊和自我敘事等等。自我，是我們唯一能直接控制、掌握的事物；掌握自我就是掌控自己的全世界，但這絕非易事。

・支柱二：精通敘事

阻礙我們往卓越邁進的往往是人。科學、心理學和過往歷史都一再顯示，沒有任何圖表、數據或資訊比得上真正動人的故事，更能為他人帶來正面影響。

故事是領導者最強大的武器──它們是人性的貨幣。誰最善於講述引人入勝、激勵人心的動人故事，誰就能征服一切。

支柱二主要關於說故事和如何善用說故事的相關法則，來說服阻礙你的人，讓人願意追隨你、向你購買、相信你、信賴你、點選、採取行動，最終傾聽並理解你。

・支柱三：確立人生哲學

不論在商場、賽場或學術場域上，個人的人生哲學最有助於預測他們當下和未來的行為。若你了解某個人的理念或信念，便能準確預測他們在任何情況下的所作所為。

支柱三關乎於偉大人物所相信且賴以立身處世的人生哲學和專業理念，以及這些哲學如何引領他們追求卓越。人生哲學是引導個人行為的一套信念、價值觀或原則，是支撐個人行動的核心信仰。

- **支柱四：熟習團隊合作**

「公司」一詞的定義，為「一群人的團隊」；每家公司、每項專案或每個組織，基本上都是一群人的集合。組織所產生的一切，無論好壞，都源自於團隊成員的構思；因此，工作最重要的成功因素，取決於你選擇與誰共事。

我從未見過有誰能不仰賴團隊的支援，就建立起傑出的企業、專案或組織；我也從未見過哪個人在實現個人非凡成就的背後，沒有一整個團隊支持。

支柱四主要關於如何組織團隊，並充分激發成員的潛能。光是隨便聚集一群人並不夠；為了組成真正優秀出眾的團隊，你需要適合的人選，透過共同的文化或信念凝聚眾人。當你匯集一群信仰優良文化的優秀人才，整體團隊自然就會產生驚人的綜效。擁有對的團隊，就能達到一加一等於三！

目次

作者序 —— 003

✱ 支柱一：掌握自我

01　按正確順序裝滿你的桶子 —— 012

02　想精通任何事物，最好的策略就是把別人教會 —— 020

03　學會不爭辯 —— 028

04　你無法選擇自己要相信什麼 —— 034

05　正面看待奇特想法 —— 048

06　想要有效影響行為，以提問代替陳述 —— 060

07　寫自己的故事，別輕言妥協 —— 068

08　別與壞習慣對抗 —— 080

09　把健康擺第一 —— 090

✱ 支柱二：精通敘事

10　荒謬是比實用更好的宣傳 —— 096

11　慎防「習以為常」 —— 106

12　別怕得罪人 —— 124

13　透過心理登月，攻心為先 —— 130

14　摩擦有時能創造價值 —— 144

15　陳述技巧遠比內容重要 —— 150

16　善用金髮女孩效應 —— 158

17　讓他們試用，他們就會購買 —— 164

18　把握開頭五秒 —— 172

目次

✱ 支柱三：確立人生哲學

19　務必從小處下功夫 —— 182

20　今日的小疏忽也許是明日的大患 —— 198

21　比對手加倍失敗 —— 204

22　做個A計劃思考者 —— 224

23　別當鴕鳥 —— 232

24　把壓力當作特權 —— 242

25　從「失敗」的角度思考 —— 252

26　價值取決於情境，而非技能 —— 266

27　紀律是成功的終極祕訣！ —— 276

✱ 支柱四：熟習團隊合作

28　與其親力親為，不如知人善任 —— 292

29　營造「邪教般」的心態 —— 298

30　打造優秀團隊的三準繩 —— 310

31　善用進步的力量 —— 320

32　當一個因人制宜的領導者 —— 332

33　學海無涯 —— 343

參考文獻 —— 344

致謝 —— 367

支柱

1

掌握自我

THE SELF

Law #01

按正確順序，裝滿你的桶子

> ✱ 此法則說明了五個決定人類潛能的桶子和充實它們的方法；以及最重要的，我們如何按照正確順序裝滿桶子。

這天，我的朋友大衛正在家中前院享用晨間咖啡，此時不遠處緩緩跑來一個滿身大汗、神情困惑、氣喘吁吁、穿著破舊運動服的男人。

這名慢跑的男子停下腳步，上氣不接下氣地向大衛打招呼。然後，他講了一個難以理解的笑話，接著自己笑得前仰後合，隨後開始古里古怪地談論起自己正在建造的太空船、將植入在猴子大腦的微晶片，以及他將打造人工智慧驅動的家庭機器人。過了一會兒，慢跑的男子向大衛道別，沿著街道繼續邁開他汗水淋漓的緩慢步伐。

此名汗涔涔的慢跑者就是伊隆·馬斯克（Elon Musk）。即特斯拉（Tesla）、太空探索科技公司（SpaceX）、Neuralink、OpenAI、Paypal、Zip2 和隧道建設公司「無聊公司」（The Boring Company）的億萬富翁創辦人。

在我透露那名滿身大汗的慢跑男子身分之前，你也許會合理地認定他是從當地精神病院逃跑的患者，或患有某種精神疾病。但一聽到他的大名，上述那些異於尋常的抱負突然間就變得可信起來。

正因如此可信，所以，當馬斯克向全世界宣告他的野心時，人們會盲目地拿出本該留作遺產的數十億美元來支持他；他們辭去原本的工作，搬到他鄉為他工作；甚至搶先預購他尚未問世的產品。

原因就在於，馬斯克已經裝滿了他的五個桶子。事實上，我見過所有打造了偉大事業的人，都擁有五個盈滿的桶子。

這五個桶子加總起來，就是你全部的事業潛力。而桶子有多滿，將決定你的夢想對你和聽見它們的人來說，有多宏大、可信，又有多大機會能實現。

★ 人生的五個桶子

1. 你知道什麼（知識）
2. 你能做什麼（技能）
3. 你認識誰（人脈）
4. 你擁有什麼（資源）
5. 外界對你的看法（聲望）

| 你知道什麼 | 你能做什麼 | 你認識誰 | 你擁有什麼 | 外界對你的看法 |

成就非凡的人通常花費數年、甚至數十年，傾注心力於這五個桶子。有幸擁有五個滿滿桶子的人，擁有改變世界所需的所有潛力。當你在尋覓工作、選擇下一本想讀的書或決定追求哪個夢想時，請先想清楚自己的桶子有多滿。

十八歲的我在事業剛起步時，深深困擾於永無休止的道德難題：比起回到我出生的非洲故鄉拯救人命，投注時間和精力建立一家公司（最終使我致富），是否不夠高尚？

多年來，這個問題一直縈繞在我心中，直到紐約一次偶然的機遇，讓迫切的我感到撥雲見日。我參加了由蘭姐納特‧斯瓦米（Radhanath Swami）在紐約舉辦的活動，他是聞名全球的大師、僧侶和精神領袖。

我擠進了一群虔敬的追隨者之中，他們眼神發亮，在一片完美靜默裡，全神貫注地聆聽他開示的一字一句。大師問道，在場是否有人想要提問？

我舉起了手。大師示意我提出問題。於是，我問道：「創業、致富比起回到非洲試圖挽救生命，是否算不上崇高的追求？」

大師目光如炬地凝視著我，彷彿看透了我靈魂深處，歷經一陣漫長的沉默之後，他回答：「空桶子倒不出水。」

從那一刻起，至今過了近十載，大師開示的道理可說是越辯越明。他告訴我，專注於裝滿自己的桶子，桶子滿滿的人可以照自己希望的方式，為世界帶來正向的改變。

時至今日，我創立了數家大公司，與全球最大的機構合作，坐擁巨富，管理數千名員工，閱讀了數百本書，並花了七百小時採訪世上最成功的人士，我的桶子已經夠滿了。

所以，**我現在擁有了知識、技能、人脈、資源和聲望，有能力幫助全球數以百萬計的人**。這正是我餘生打算致力的事業，透過慈善工作、捐款、我成立的組織、我打造的媒體公司，以及我正努力創辦的學校來實現目標。

人生的五個桶子彼此息息相關——裝滿其中一個有助於填滿另一個，而且，通常按照由左至右的順序裝滿。

你知道什麼 ⇨ 你能做什麼 ⇨ 你認識誰 ⇨ 你擁有什麼 ⇨ 外界對你的看法

我們的職涯通常始於獲取知識（學校、大學等）；知識獲得應用時，便稱之為技能；當你擁有知識和技能，對他人便產生了專業價值，人脈也隨之拓展；因此，擁有了知識、技能和人脈之後，獲得資源的機會也會增加；一旦擁有了知識、技能、珍貴的人脈和資源，無庸置疑也會贏得聲望。

從上述五個桶子及其彼此間的關係可知，致力於第一個桶子（知識），顯然是你最高收益的投資。無庸置疑，當你應用所獲得的知識（技能）時，終將惠及其餘的桶子。

如果你能真的理解，就會明白，一份工作儘管薪資高（資源），但若帶來較少的知識和技能，充其量只是低收入職業。

通常，蒙蔽我們照此邏輯行事的，是人的自尊（ego）。自尊有種不可思議的力量，足以說服我們跳過前兩個桶子，讓我們僅為了更多錢（第四個桶子），或職銜、地位或聲望（第五個桶子），而接受一份工作，忽略勝任一份工作所需的知識（第一個桶子）或技能（第二個桶子）。

倘若屈服於此種誘惑，你的事業便會建立於薄弱的基礎之上。而你無法延遲享樂、持之以恆地致力於前兩個目標，如此短視近利的決定，也終將讓你自食其果。

2017年的某一天，才華洋溢、年僅二十一歲的員工理查走進我的辦公室，表示想告知我一些消息。理查告訴我，他獲聘

前往半個地球外的一家新行銷公司擔任執行長，儘管他當時在公司逐漸嶄露頭角，但他想離職、接受這份工作。他也不諱言，新工作提供了高薪（幾乎是我們付給他的兩倍薪資）、股票分紅和在紐約生活的機會——可想而知，相較於他長大的沉悶鄉村，自然是天差地別；就算與我們當時位於英國曼徹斯特的公司相比，他也無疑是高升了。

坦白說，當時我並不相信他。我不認為一家合法企業會將這樣的重責大任，託付給毫無管理經驗的新進員工。但我接受了他的說法，並告訴他我們會支援他順利交接離職。

事實證明我錯了。理查所言屬實，這份工作確實存在，一個月後，他成為了新公司的執行長，搬到紐約，並開啟了身為高階經理人的新生活，在發展迅速的行銷新創公司帶領一支二十多人的團隊。

遺憾的是，故事並未就此結束。正如人生教會我和理查的一樣，想維持長遠的成就，就不能跳過知識和技能這兩個最初的桶子。任何企圖如此的嘗試，都猶如在沙地上蓋房子。

十八個月內，這家前景一度看好的公司就破產了，失去了重要工作夥伴，資金用罄，還陷入了管理實務相關的糾紛。公司倒閉後，理查失業、遠在異鄉，在同業尋找和當初與英國相同的初階職務。

在你決定人生道路、要接受哪份工作或如何投資休閒時間之

際，請謹記：知識加上應用（技能），就是力量。穩紮穩打，優先裝滿前兩個桶子。如此一來，無論生活有何變動或衝擊，按部就班立下的根基將讓你能細水長流，最終必定有所成就。

我對事業動盪的定義是：對人產生不利影響的職涯意外事件，也許是包羅萬象的各種事故，例如：顛覆整個產業的創新技術、被雇主解雇；抑或你是創辦人而公司破產倒閉等等。

> 無論任何事業動盪，永遠無法清空前兩個桶子——它可以奪走你的人脈，拿走你的資源，甚至可以影響你的聲望，但永遠不能剝奪你的知識，也無法消除你的技能。

前兩個桶子是你的命脈與根基，也最能清楚預測你的未來。

★ 法則01：按正確順序裝滿你的桶子

技能就是應用知識。越能擴展和應用你的知識，便能在世上創造越多價值。如此一來，所獲得的回報就是：持續拓展的人脈、豐富的資源和良好的聲望。切莫忘了，按照正確順序來裝滿你的五個桶子。

★囤金子的人，
只有片刻的財富；

累積知識和技能的人，
擁有一世的財富。

真正的富有，
取決於你的所知與所為。

The Diary Of A CEO

Law #02
想精通任何事物，最好的策略就是去把別人教會！

> ＊ 此法則說明馳名於世的知識分子、作家和哲學家所使用的簡單技巧，讓他們能夠成為所屬領域的大師；以及你如何運用相同技巧，來發展技能、精通任何主題並建立受眾。

★ 真實小故事

那天晚上，我感覺彷彿整個地球的人都齊聚一堂，看著我在講臺上發窘；但當晚在場的，其實只有一些我的國中同學、他們的家長和少少幾位老師。

十四歲的我被賦予了一項任務：在學校期末的結業頒獎典禮上致辭。我走上臺時，禮堂陷入了一片預料之中的肅靜。

我站在臺上，全身僵硬、膽怯得一語不發，歷經人生最漫長難耐的數分鐘沉默。我低頭盯著自己緊張出汗、顫抖的雙手，緊握著那張抖動不停的小抄，感覺自己嚇得快尿褲子了，我正經歷著所謂的「怯場」。

我原本計劃好的講稿因雙手發抖得過於劇烈，晃到自己看不清內容。最後，我即興胡謅了一些陳腔濫調且毫無意義的話，

然後一個箭步下臺，衝出門外，彷彿身後有人拿槍追著我。

那令人挫敗的夜晚過後十年。今日的我，每年有五十週的時間，在全球各地的舞臺上演講——我曾在聖保羅與前美國總統歐巴馬（Barack Obama）同臺，在數萬名觀眾面前演說；也曾在巴塞隆納滿場的體育館演講；在英國巡迴演說；另外，從基輔、德州到米蘭，我也曾在各地舉辦的慶祝活動上致辭。

★ 法則說明

我從一個糟糕透頂、不擅面對觀眾的講者搖身一變，與傑出的演說家並駕齊驅。能夠有此轉變，得歸功於一個簡單法則。

這條法則不僅造就了我在臺上沉著流暢的表現和表達（我的技能），也是我能在臺上分享有趣事物的原因（我的知識）：我強制自己去教學。

已故靈性大師暨瑜伽修行者巴蔣（Yogi Bhajan）曾言：『若你想學習某事，閱讀相關資料；若你想理解某事，撰寫相關文章；若你想精通某事，教會別人。』

二十一歲時，我向自己承諾，每晚七點，我會寫一條推文或製作一則影片，來傳遞每日的所思所想，並在晚上八點發布。

目前為止，在我為了提高知識和技能所做的事情中（即為了裝滿前兩個桶子），這件事影響我至深。毫不誇張地說，它徹底改變了我的人生軌跡。如果你希望成為更好的思想家、講者、作家或內容創作者，我強烈建議你也採用這個做法。

關鍵在於我把學習、書寫和記錄以及在網上分享，變成了日常義務，而不僅僅是興趣。

★ 切膚之痛讓你更投入

在我為自己建立這項義務後不久，就從讀者的評論和社群平臺分析獲得了意見回饋，幫助我不斷進步。反過來還創造出單純為了每日一句而關注我的社群，最初僅數十人，近十年日益茁壯，如今已有近一千萬名的跨平臺粉絲。

從我分享第一個想法開始，就與受眾立下了一份「社會契約」，也就是對專門關注每日一句的人的社會義務。這激勵我持續發文，但也賦予我可能失去的東西——若我中斷的話，或許會失去他們的關注和自己的聲望。

擁有可能失去的東西，基本上就是一種義務，有時又稱「切膚之痛」。

不論任何領域，想加快學習曲線的話，「切膚之痛」可謂重要的心理工具。切膚之痛會提高你的學習賭注，建立更深層的心理獎勵機制來從事某種行為。從金錢到個人的公開承諾，所謂的「切膚」其實可以是任何利害攸關的事物。

　　若想深入了解特定公司，不妨買些該公司的股票。想了解Web 3.0？可以考慮購買NFT。想規律上健身房？那就和友人建立WhatsApp群組，每日分享運動情況。上述三個例子都是拿金錢或社交資本去做賭注，讓自己產生「切膚之痛」。

　　「切膚之痛」之所以有效，是因為多項全球研究顯示，人類行為更容易為了避免損失而受到驅使，而非追求利益，即科學家所謂的「損失規避」（loss aversion）。

　　所以，不妨為自己創造一些可能失去的籌碼。

★ 改版的費曼學習法

　　<u>**若你想精通某事，就公開去做，並持之以恆**</u>。撰寫並公開發表自己的想法，會迫使你更頻繁地學習，書寫更有條理；發布影片會讓你改進口語表達能力，更清楚地傳達自己的想法；上臺分享會教你如何吸引觀眾並講述引人入勝的故事。不論任何領域，只要公開從事某事，建立義務以迫使自己貫徹到底，最終將幫助你精熟這項技藝。

對我而言，每日一句的分享義務最具價值之處，就是我必須言簡意賅地以 140 字傳達想法，以便符合推文的字數限制。

> 將想法提綱挈領，並成功與他人分享，既是理解想法的途徑，也是一種證明。人在掩飾自己缺乏理解時，其中一種方法就是滔滔不絕地使用冗詞贅句來作態。

這項精簡道出想法的挑戰，通常被稱為「費曼學習法」（Feynman technique），命名來自於美國知名科學家理查・費曼（Richard Feynman）。費曼因量子電動力學的開創性研究，於 1965 年榮獲諾貝爾獎。他有一種天賦，能夠深入淺出地解說最複雜的想法，連孩童都能理解。

「假如我無法讓大一新生聽懂一項知識，
　表示我自己也並未真正弄懂它。」

——理查・費曼

費曼學習法是強大的自我發展心智模型，強迫我們去除不必要的複雜性，將概念去蕪存菁，讓你得以廣泛且深入地理解希望能精通的事物。

費曼學習法具有幾項關鍵步驟，我根據自身的學習經驗將其簡化，並重新整理如下：

・步驟1：學習新知
找出想了解的主題，深入研究並從各個面向來認識它。

・步驟2：像教授孩童一樣解說知識
將想法寫下，像教小孩一樣，用淺白的語彙、簡練的言詞和簡單的概念來解釋。

・步驟3：分享知識
將習得的知識傳遞給他人，你可以在網路、部落格、講臺甚至餐桌上分享。請為自己選擇可明確獲得反饋的媒介。

・步驟4：複習你的想法
檢視他人的意見回饋；大家是否從你的說明中清楚理解了這個概念？他們能否在你解說之後，反過來向你說明一次？如果不行，請回到步驟1；成功的話，請繼續學習。

★ ★ ★

回顧過往，我所遇見或採訪過的每位偉大演說家、知名作家和優秀的知識分子，都有此共通點。當《遠景》（Prospect）雜誌公布了百大當代知識分子時，名單上的每個人無一不遵循

此法則。在研究歷史上備受推崇的哲學家時，我發現所有人都實踐了此一法則，而且還是堅定的擁護者。

他們在人生中某個時刻，不論有意或無意，都為自己建立了義務，必須持續思考、寫作和分享思想。

無論是詹姆斯・克利爾（James Clear）、麥爾坎・葛拉威爾（Malcolm Gladwell）或賽門・西奈克（Simon Sinek）等在網路上發表文章、製作社群媒體影片的當代熱門作家，或亞里斯多德、柏拉圖或孔子等在紙莎草卷或竹簡上寫作、在臺上演講的古代哲學家，全都遵循這一條至關重要的法則。他們都強制自己去教導他人，進而成為了知識和演說的大師。

「老師永遠是教室裡最獲益良多的人。」

──詹姆斯・克利爾，《原子習慣》作者

⭐ 法則02：想精通任何事物，最好的策略就是去把別人教會

深入學習、去蕪存菁並盡可能地分享所學。持之以恆將為你帶來進步，意見回饋將有助於提升技能，只要遵循此法，便能充分掌握知識或技能。

☆ 保有知識
不會讓你成為大師，
懂得傳遞知識，
才能成為真正的大師。

Law #03

學會不爭辯

> ✱ 此法則將讓你更善於溝通、談判、解決衝突、贏得辯論、發聲和改變他人想法,其中也解釋了為何你的辯駁多半毫無作用。

★ 真實小故事

　　我童年裡的大半時光,都目睹著母親對著父親大聲咆哮,而家父只是逕自坐著看電視,全然漠視她的存在。對我來說,母親連綿不斷的刺耳尖叫,可謂前無古人,後無來者。

　　她可以對著家父怒吼五、六個小時,關於相同的事,重複相同的話,而且音量和怒氣絲毫未減。有時,我父親可能會嘗試反駁一下,但當他不可避免地失敗時,他要不繼續忽視她,要不就逃到家中另一處,把自己鎖在房裡,或跳上車揚長而去。

　　我花了二十年才意識到,自己在遇到衝突時,仿效了我父親的應付方式。當我凌晨兩點躺上床,氣忿的女友對我喋喋不休地道出她的不滿。我用「我不認同」來回應,並試圖作出有力的反駁。想當然爾,我失敗了。儘管如此,我的回嘴彷彿火上

加油，她提高音量，繼續對我大吼大叫，重複著同樣的內容和觀點。

最終，我起身想離開，她追著我爭執，於是，我將自己關進衣帽間裡，一直待到凌晨五點左右。這段期間，她始終在門外對我咆哮著同一件事，重複相同的話語，猶如一臺壞掉的唱機──而且音量和氣勢不減。

毫無意外的，這段關係並不長久，她現在是我的前女友了。

★ 法則說明

事實上，無論是商場、戀愛或友誼關係，面對人生每次的人際衝突，溝通既是解決之道，也是問題的所在。

不論何種關係，透過衝突後的關係變得更緊密或疏遠，便可預測一段關係的長期狀態。

> 健康的衝突有助於強化關係，因為涉身其中的人努力對抗的是問題；不健康的衝突會弱化關係，因為雙方對抗的不是問題，而是彼此。

我曾與倫敦大學學院（University College London）和麻省理工學院認知神經科學教授塔莉・沙羅特（Tali Sharot）進行訪談，目的是為了瞭解腦科學如何教導我們有效溝通的法則，而她分享的內容，徹底改變了我的個人生活、戀愛關係和商場的談判方式。

沙羅特教授和她的團隊在《自然神經科學》（Nature Neuroscience）期刊上發表了一項研究，其中記錄了自願受試者在意見分歧時的大腦活動，以了解他們內心的想法。

實驗將42名受試者分成兩兩一組，並要求他們進行財務評估。每對受試者分別躺在腦部造影掃描儀器中，由一道玻璃牆隔開。他們對實驗的反應一一受到記錄。

研究人員向受試者展示不動產的圖片，並要求他們各自估價，並針對自己的估價準確度下注。每位志願者都能在螢幕上看到另一方的估價。

當同組受試者在估價上達成共識時，兩人分別都對估價準確度下更高的賭注，而研究人員監測到他們的腦活動有所增強，表示雙方在認知上更樂於接受建議和開放。然而，若他們在估價上出現分歧，兩人的大腦似乎就會陷入僵呆並關機，使他們再也聽不進或輕忽對方意見。

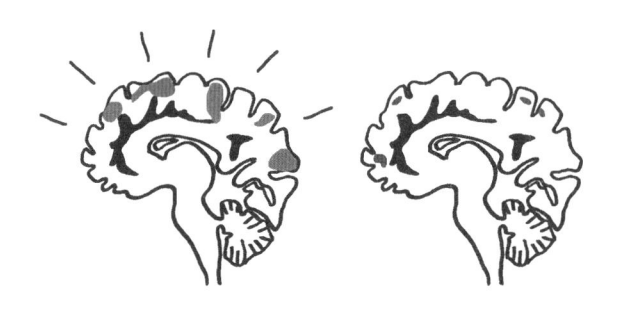

關於政治討論中具爭議性的領域，沙羅特的研究結果也突顯出了部分最新趨勢。氣候變遷正是一例：科學家過去十年間提供了越來越多不容辯駁的證據，指出氣候變遷乃人為造成；然而，皮尤研究中心（Pew Research Centre）進行的調查顯示，在相同的十年區間，相信科學證據的美國共和黨人有所下降。無論有無證據，激烈爭辯顯然行不通。

既然如此，如果希望持不同意見的一方更能聽得進我們的意見，就必須採取以下措施。沙羅特指出，**若想讓對方的大腦保持活躍，並接受你的觀點，一開始回應時，就不能先陳述反對意見。**

當你發現自己與某人的觀點不一致時，請務必避免受到情緒左右，絕對不要以「我不同意」或「你錯了」來開場，運用你們的共通點、共識以及對方論點中你能理解的部分來回應。

> 無論有多少證據，或你的看法有多客觀正確，若一開始就先陳述反對意見，都可能使任何經過仔細推敲、邏輯清晰的論述失去原有的力道。

反之，若從雙方有共識的一致之處出發，我們論述的強度、邏輯的準確性和證據的份量就更有機會被對方接受。

　　「學會不爭辯」是一項重要技能，能讓你能成為優秀的談判者、講者、銷售人員、商業領袖、作家——以及人生伴侶。

　　朱利安・寶藏（Julian Treasure）是演說暨溝通教練，他的 TED 演講觀看次數高達一億次，而保羅・布朗森（Paul Brunson）則是婚姻和關係專家，人稱「愛情博士」。我採訪兩人時，他們提到想成為出色的溝通者、對話者或伴侶，最重要的就是傾聽，讓對方感覺「被聽見」，然後確保回應時，讓對方感到「被理解」。

　　沙羅特的神經科學研究如今為以上方法提供了明確的科學證據，顯示了為何讓人感到「被傾聽和理解」，對於改變他人想法如此重要。最有機會改變我們想法的人，無疑是我們在 98% 的話題上都認同的人——在我們眼中，他們真正理解我們，因此，我們也更願意聽取他們的建議。

☆ 法則03：學會不爭辯

　　在談判、辯論或激烈爭辯中，請試著記住，改變他人想法的關鍵是找到彼此的共同信念或動機，讓他們抱持開放態度來看待你的觀點。

☆ 言語應該促進理解，
而非阻礙關係。
少爭辯，多理解。

Law #04

你無法選擇自己要相信什麼

> ✱ 此法則將教導你如何改變信念，包含你對自我、他人或世界的信念，同時也說明我們如何改變他人固執的成見。

試想你最愛的人或物，像是你的母親、父親、伴侶或你的狗；對你來說，生命中最重要的人（或動物）。

現在，想像他們被綁在椅子上，有一名激進的恐怖分子拿槍指著他們。

恐怖分子開口對你說：「如果你不相信我是耶穌基督，我就立刻扣下扳機殺了他們！」

你會做出什麼反應？

事實上，你最多只能撒謊。你充其量只能告訴對方，你相信他是耶穌基督，然後希望你所愛的人能倖免於難。但你無法真心相信這一點。

上述的思想實驗闡明了，人類信念的真實本質存在一個深刻且具爭議的重點：即便在我假設的情境中，一切都岌岌可危，

你仍然無法選擇相信自己不信的事；既然如此，**你憑什麼認為自己可以「選擇」要相信什麼呢？**

為了進一步探究此概念，我針對一千名受訪者進行調查，向他們提出了下列問題：「你認為自己選擇了要相信什麼嗎？」出乎意料地，其中 857 人（85.7%）表示，他們確實如此。

我在調查問卷下一頁中詢問受訪者，若他們所愛之人遭人拿槍指著，只要他們相信恐怖分子真的是耶穌基督，就能拯救愛人的性命，此時他們能否真心相信這一點？98% 的人承認，他們無法選擇相信如此──最多只能說謊。

不論是你對自己或他人的根本信念，或你抱持的世界觀，都並非出自你的「選擇」。

聽到這句話時，大家往往會本能地萌生負面反應，畢竟此話聽來，讓人感覺無力，而且攻擊了個人的「自由意志」、自我的掌控和獨立自主。如果我無法選擇要相信什麼，我如何「改變」自己的信念？這是否會使我被困在對世界、他人和自己的現有信念中？

所幸，事實並非如此。

你的生活證明了你的信念會不斷演變發展──我猜，你現在已不再相信聖誕老人了？

社會意識和信念也日益迅速的變遷。十八世紀時，人們認為香菸有益健康，醫生還會對著溺水者的臀部吹二手菸，試圖讓

他們甦醒；十九世紀的人認為，陰蒂高潮是精神錯亂的表現，醫生還會治療有此情況的人；1970 年代，大家還相信美國中部農場的麥田圈，是外星人壓扁作物向我們發送的神祕訊息；中世紀的醫生還從自己的屁股找解藥，認為糞便是靈丹妙藥，可治癒從頭痛到癲癇等一切疾病。

謝天謝地，<u>信念是會改變的</u>。

★ ★ ★

　　人的大腦需要消耗大量能量，因而衍生出了生存所需的節能策略。大腦其中一項主要功用是辨識模式，並基於觀察到的模式來假設、進行預測，因此，它必須盡可能地在短時間內高效預測。而信念讓大腦能快速做出此類預測。

　　對人類來說，深信不疑的信念是有用的生存工具。行為受到信念所驅使，正因為人類祖先堅信獅子很危險、火會燙傷人、遠離深水等信念，才得以存活，並誕下繼承了相同堅定信念的後代。

　　讓我們回到恐怖分子拿槍要脅處置你所愛之人的例子；現在，試想恐怖分子拿起一杯水，像耶穌一樣將水變成酒。你是否會改變對恐怖分子的看法？這次，你會相信恐怖分子真的是耶穌基督嗎？

我的調查中，77%的人表示，此舉足以讓他們相信恐怖分子眞的是耶穌基督；共有82%的人表示，他們對恐怖分子的看法會有所轉變——目睹某人將水變成酒，足以讓他們改變自己的信念。

這個思想實驗和相應的調查揭露了我們所有信念本質上的根本事實：**你所相信的事物，基本上主要基於某種形式的第一手證據。然而，科學研究也一再證實，證據的客觀眞假其實無關緊要，<u>人是根據自身的經驗和偏見，來主觀認定是否接受證據爲眞</u>。**

時至今日，仍有三十萬美國人相信地球是平的；益普索市場研究公司（Ipsos）最近一項調查中，21%的美國成年人表示自己仍相信聖誕老人眞實存在；令人不安的是，目前仍有不少人相信英國查爾斯國王（King Charles）是吸血鬼；三分之一的美國人深信大腳怪的存在；四分之一的蘇格蘭人相信，因凡內斯（Inverness）附近的湖裡住著尼斯湖水怪。

正如〔法則03〕所見，想扭轉個人信念，光是告訴對方他們錯了是行不通的。向地平論者展示圓形地球的客觀影像，起不了任何作用；對一個七歲時自信心被兇狠的校園惡霸摧毀的人（有力證據），要他們單純相信自己，或對著鏡子不斷肯定自我，就算許多人生教練都如此教導，也改變不了他們對自己的根本信念。

★ 眼見爲憑

僅僅向地平論者展示美國太空總署（NASA）從外太空拍攝的球體地球照片並不夠。他們不僅要相信照片，還要信任照片來源，才會願意相信自己所見。但地平論者兩者都不信，照片來自美國太空總署，他們認爲美國太空總署是徹頭徹尾的騙局，而太空人是演員，科學界也牽涉其中。

羅伯特・席爾迪尼（Robert Cialdini）在其暢銷著作《影響力：讓人乖乖聽話的說服術》（Influence）中說明，若我們相信一個人在特定方面的權威，例如：如果梅西說愛迪達的足球鞋比Nike好、若重訓教練指出我們重量訓練的方式不對，或如果醫生告訴我們必須服藥——我們很可能服從權威，採納他們的信念，並聽從其建議。

> 「人有些重要信念，除了自己愛戴和信任的人也抱持相同信念以外，有時根本無憑無據。考慮到我們所知甚少，卻如此堅信自己的想法著實荒謬，但也有其必要。」
>
> ——丹尼爾・康納曼，2002年諾貝爾獎得主

權威人物是使人轉念的強大力量，但人類五感的第一手證據才是影響信念的最大力量。

俗語說得好，眼見為憑。正因地平論社群如此不信任科學界、天文學界或任何相關人士，想顛覆他們的固執己見，唯一可行的方法就是將他們送入外太空，讓他們眼見為真。

這種必須眼見為憑的情況，也說明了為何如此多瘋狂的陰謀論能歷久彌堅，如：為何有人對氣候變遷存疑、深信地球是平的、或質疑疫苗的功效，原因正在於，對多數人而言，這些事難以親眼得見。

同理，對自己的語言表達能力缺乏信心的人，不太可能僅因自己母親的肯定或鼓勵而變得自信十足。他們需要親自取得第一手證據，像是從上臺演講或信任的客觀來源，來獲得正面的反饋。

我們認為自己和自己的眼睛是值得信賴的來源，因此，對科學家來說，利用人類五感來促進大眾理解科學上的見解至關重要。有鑑於此，氣候變遷教育工作者現在正試圖將氣候變遷發生和速度相關科學數據「在地化」，例如：展示氣候變遷對當地事物的影響，以便人們能眼見為憑。

★ 你的既定信念有多堅定？

我詢問前一篇提及的沙羅特教授，「我們如何改變自己或他人的信念？」她花了數年研究此議題，並主持多項關於信念為何存在、為何難改，以及如何改變的研究計畫。

她指出，大腦會比較新證據與腦內儲存的現有證據。所以，若我告訴你，我看到了一頭粉紅大象在天空飛翔，你的大腦會將此新證據與既有證據（即大象不是粉紅色，而且不能飛）進行比較，並且很可能會拒絕新證據。

但是，如果我告訴一個三歲孩子，我看到了粉紅大象在天空飛，他們很可能會相信我。因為他們尚未對大象、航空和物理定律形成強烈的對立信念。

沙羅特主張，新證據能否順利改變既定信念，取決於下列四項因素：

1. **個人既有的證據。**
2. **他們對既有證據的信心多寡。**
3. **新證據。**
4. **他們對新證據的信心多寡。**

正如我們從廣為探討的「確認偏誤」（confirmation bias）現象得知，人在搜尋、揀選或回憶資訊時，往往會傾向確認或

支持既有的信念或價值觀。**新證據越偏離他們的既定信念，就越難改變他們的想法。**

★ 聽來不錯的話，就換個念頭！

綜合上述，意味著個人堅持的錯誤信念很難改變，但這當中存在著一個重要例外，就是**當反證恰好是你想聽到的，你便有較高的可能改變主意**。例如，2011 年一項研究中，受試者被告知，他人認為他們比自己所想的更有魅力，他們便非常樂於改變自我認知。2016 年一項研究中，受試者得知自身的基因比自己所想的更能抵抗疾病，他們再度迅速轉念。

政治方面呢？2016 年 8 月，900 名美國公民被要求預測總統選舉結果，方法是在尺度表上放小箭頭，兩端分別為希拉蕊‧柯林頓和川普。若你認為柯林頓很可能勝選，就將箭頭放在柯林頓旁邊。若你認為機會一半一半，就將箭頭放中間，依此類推。

他們首先被問到：「你希望誰勝選？」半數的人表示希望柯林頓獲勝，另外半數則希望川普獲勝。

當被問及他們認為誰會勝出時，兩方人馬都將箭頭放離柯林頓最近之處，表示雙方都相信她會贏得選舉。接著，研究人員出示新的民調結果，預測川普將會勝選。所有受試者再度接受

詢問，他們認為誰會贏。新民調是否改變了他們的預測？

確實如此，但絕大部分改變的是川普支持者的預測——因為這正是他們想聽到的消息，他們十分興奮於新民調顯示川普會當選，並旋即改變了預測。

而柯林頓支持者並未動搖，許多人甚至完全忽略了新民調。

★ 切勿攻擊舊信念，改為激發新信念

沙羅特總結：「改變信念的祕訣在於遵循大腦的運作方式，而不是與之對抗」，這正是大多數人嘗試但失敗之事。

別試圖攻破某人現有的證據或與之爭論；反之，專心植入全新的證據，並確保你有好好強調新證據將為對方帶來驚人的正面影響。

其中一例為家長對麻疹腮腺炎德國麻疹混合疫苗（MMR）與自閉症之間錯誤聯繫的反應。1998 年發表的一篇期刊主張麻疹腮腺炎德國麻疹混合疫苗與自閉症有關，此文如今已被揭穿有誤。然而，隨著消息傳開，許多父母拒絕讓孩子接種疫苗，並堅持己見。最後，一群研究人員成功讓家長們改變了想法。他們用的方法並非試圖打破家長現有的信念，而是向家長們提供關於疫苗益處的資訊，並指出疫苗如何有助於防止兒童罹患致命疾病。結果奏效了，家長們同意讓孩子接種疫苗。

★ 鉅細靡遺的自我審查，有助於撼動想法

有趣的是，當你攻訐或試圖以數據說服他人時，人們的信念往往不會被動搖；但是，當你要求他們詳細解釋或分析自身的信念時，他們也許會失去信心。認知行為治療師可說是最熟知此種技巧的人。

《紐約客》（New Yorker）特約撰稿人伊麗莎白·寇伯特（Elizabeth Kolbert）曾提及耶魯大學的一項研究，受試的研究生被要求評估自己對家中馬桶的了解程度。然後，他們被要求詳盡、逐步地寫出馬桶的運作原理。受試者試圖說明馬桶內部運作之後，便會受邀再度評估自己對馬桶的理解程度。結果，他們的信心大減。

2012年進行的類似研究中，受試者被問及他們對醫療保健相關政策提案的立場。如寇伯特所述，「受試者被要求根據他們贊同或不贊同的程度，來評價自己的立場。接著，他們被要求盡可能詳細解釋各項提案施行的影響。此時，多數人碰到了瓶頸。然後，當他們再度受邀評價自身觀點時，受試者對信念的堅定程度下滑，他們也不再如此堅決地贊同或反對」。

要求一個人解釋其堅定信念背後的細節和邏輯，是有效減低其信念的方法。此法也適用於破除自我限制的想法。若有人對自己缺乏自信，並認為自己毫無價值，可以要求他們盡量詳細

解釋為何他們會萌生此種想法，並質疑他們的反應，此舉將能有效讓他們放棄此種信念。

★ 新證據帶來成長

如〔法則02〕所述，我在年輕時，曾苦惱於上臺怯場的問題，而怯場本身就是由一連串限制性信念所構成。我的信念太過頑強，告訴我「一切都沒問題」並不足以改變我對上臺演講、自身表現和觀眾反應等方面的先入之見。

現在，不論是在體育館臺上面對眾多觀眾，或在電視上直播，我的緊張感幾乎已消失殆盡。我之所以不再怯場，單純是因為我持續不斷地上臺演說，這樣的行動逐漸賦予我全新、正向的第一手證據，取代了我對自己舞臺能力的既有證據──我越常上臺發言，對新證據的信心就越強，而怯場為我帶來的無能感和恐懼也隨之減少。

「去做你害怕的事，並持續不斷去嘗試，這是迄今克服恐懼最迅速、最可靠的方法。」

──戴爾‧卡內基（Dale Carnegie）

談到改變信念和增強個人自信（甚至是你自己的自信），我認為，卡內基的話或許是最重要的根本事實。**當一個人獲得與原本信念相左但強度夠高的新反證時，信念就會有所轉變。**

若你的友人對自己抱有限制性信念，甚或是你對自己有限制性信念，改變想法的最好辦法不是去閱讀自我成長書籍、勵志名言或觀看勵志影片，而是**採取行動，踏出舒適圈**，將自己置身於限制性信念直接受到新的第一手證據挑戰的情境。

這正是改變頑強信念的方式。這也是我如何在短短十二個月內，從虔誠的信徒變成未知論者，從兒時缺乏自信轉變為信心十足的成年人，從膽怯的講者成為在任何舞臺上都堅定自信的演說家背後的祕密。

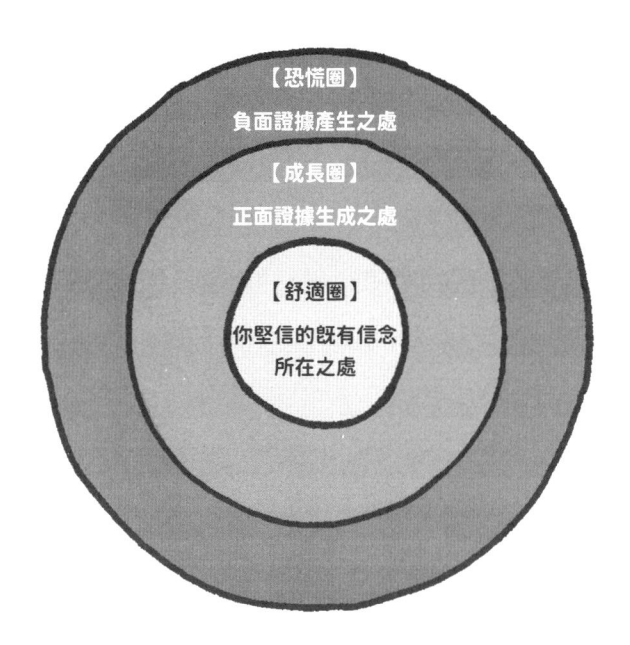

【恐慌圈】
負面證據產生之處

【成長圈】
正面證據生成之處

【舒適圈】
你堅信的既有信念所在之處

★ 法則04：你無法選擇自己要相信什麼

　　信念難以動搖，但卻有可塑性。若想改變信念，就必須找到方法來獲得有力且值得信賴的新證據。若新證據與其他既有信念一致，我們就更可能相信新證據正確有效。提供正面結果的證據，通常最易取信於人。若審視自己某個限制性信念的成效和細節，對它的堅信便會逐漸被削弱。若想改變他人的信念，切勿攻擊對方，讓他們親眼見證正向的新證據，也許能有所啟發，或抵消舊有信念的負面影響。未受挑戰的限制性信念，將是當下自我和理想自我的最大障礙。

☆ 別再說自己還不夠格、
還不夠好或不值得。

當你開始嘗試
自己不夠格的事、
就是成長的開始。

Law #05

正面看待奇特想法

> 此法則對我所建立的各家成功企業影響重大——它引導我們如何在瞬息萬變的世界保持領先、如何善用變化,以及面對即將到來的技術革新,如何避免遠遠落後。

★ 真實小故事

「人們熱愛音樂;所以我們永遠不會被市場淘汰。」

當時,世上數一數二的大型唱片行前執行長站在二樓陽臺,俯瞰著熙來攘往的店面,說出了這段命運般的發言。

數年後,他所屬的全球唱片宣告倒閉。

他所言屬實;大眾的確熱愛音樂。但他們不愛在雨中通勤一小時,穿過繁忙的店鋪,費盡心力地取得一張塑膠光碟,然後排隊付款。

他誤判了顧客的需求:**他們想要音樂,而不是 CD。**

蘋果公司的數位音樂平臺 iTunes 於 2003 年春季推出,讓購買 CD 的顧客能獲得他們想要的音樂,而無需忍受任何不便。據可靠消息人士透露,此名執行長對數位音樂抱持著高度懷

疑，甚至不願與高階管理團隊討論數位音樂的問世與威脅。

他的一位專業同仁告訴我，他選擇了「**退卻不前**」（**lean out**）。他不了解數位音樂市場，便主觀認定這只是個盜版充斥的領域，不會直接影響人們對 CD 的喜愛。

我猜想，作家克利夫・斯多（Clifford Stoll）也是退卻不前的一員，他在 1995 年 2 月的《新聞週刊》（*Newsweek*）發表了對未來網路的嘲諷預測：

「對這個時下最流行、最廣受吹捧的社群，我深感不安。高見遠識的人看到了遠距辦公、互動圖書館和多媒體教室的未來。他們談論線上會議和虛擬社群，商務和商業將從辦公室和購物商場轉往網路和數據機上……胡說八道……事實是，沒有任何線上資料庫可以取代你的日報。」

《新聞週刊》最終停止發行紙本，將整體業務轉移至線上。

1903 年，一家大銀行總裁也表現出退卻不前。他對福特汽車創辦人亨利・福特表示：「馬匹將繼續成為主要的交通工具，汽車只是新鮮玩意兒，不過是一時潮流。」

1992 年，英特爾執行長安迪・葛洛夫（Andy Grove）顯然也是退卻不前，他說：「人人口袋裡都有個人通訊器的想法，是受貪婪驅使的白日夢。」

微軟前執行長史蒂夫・鮑爾默（Steve Ballmer）曾嘲笑蘋果公司，無疑也是退卻不前，他表示：「iPhone 不可能取得任何

重大的市占率。」

　　十九歲時，我在一家全球頂尖時尚品牌美輪美奐的倫敦辦公室開會。當時是 2012 年，社群媒體正逐漸在消費者中流行，但品牌商卻一如既往，在面對新科技時大幅落後。

　　我當天的任務是說服該品牌的行銷部門總監更認真看待社群媒體，挺身而進；確切來說，是說服他們推出品牌的社群媒體專頁。可想而知，我失敗了，而且還遭到了訓斥、嘲笑和拒絕。行銷總監顯然對我提出的建議十分不以為然，他問道：「如此一來，大家都能評論和批評我們的發文嗎？」他繼續說道：「我不希望自己的品牌在網路被炎上，我們要如何控制情況？現在的雜誌廣告效果很不錯，社群媒體太危險了。」他在我簡報途中便結束了會議，不用說，他們再也沒有與我接洽。

　　如今，我的公司一路走來，不斷壯大，可說是市場上最具影響力的行銷公司之一。而那天與我開會的品牌，已於 2019 年申請破產。

★ 法則說明

　　我所定義的「退卻不前」，並不是指相信「錯誤」之事，而是傲慢地自以為正確，並且拒絕傾聽、學習和關注新資訊。

可惜的是，這不僅是傲慢的表現，還是人之常情；**人之所以對重要或潛在重要的資訊視而不見，主因為一個受到廣泛研究的心理現象，即所謂的**「認知失調」（cognitive dissonance）。

「認知失調」由美國心理學家里昂・費斯汀格（Leon Festinger）於 1950 年代首度提出，主要描述人的思想與行為相互牴觸時所產生的衝突感。例如，吸菸者便是認知不協調──吸菸的行為與吸菸有害健康的證據相牴觸。吸菸者為了解決此種矛盾，要不戒菸，要不就是找另外的方式來合理化自己的行為。吸菸者所用的藉口，我們再熟悉不過了，不外乎「我只偶爾抽菸」、「有其他更傷身的事吧」、還有「為什麼我不能做我想做的事？」

費斯汀格認為，認知失調解釋了為何許多人生活在矛盾的想法或價值觀之中，但它也可能阻礙我們在應當改變想法時改變，即便這可能挽救職涯、工作、公司或生命。

研究顯示，認知失調對我們來說最為痛苦的時刻，就是遇到顛覆自我或與自我看法相衝突的事實或證據時。我們的身分認同和自信心會因此瓦解，或感到某種程度的威脅。

若想解決問題,通常必須足夠謙遜,才能忽略自己最初的假設,聽取其他的聲音,而商場上,任何太過拘泥於某種意識形態的人,恐怕難以傾聽市場,並提供解決方案。

★ 寧死也不願犯錯

針對某件事公開表示看法,如英特爾執行長對行動電話所做的評論,或微軟執行長對 iPhone 的議論,猶如以身犯險。**人一旦認定了某種信念,即便實際上有錯,大腦依舊會孜孜不倦地努力證明我們是對的。**

研究一再顯示,人一旦做出特定決定——像是我要投給某政黨;我要在此地買房;我認為新冠肺炎很嚴重;不,我確信風險被誇大了等等——自然而然就會開始為其辯護,並合理化自己的決定。到頭來,我們最初擁有的任何疑慮都將迅速消失。

美國心理學家艾略特・亞隆森(Elliot Aronson)研究了此一現象,他最著名的實驗,便是召集了一群自以為是且枯燥乏味的人組成討論小組。部分受試者得忍受大費周章的甄選過程才得以加入;其他人則獲准立即加入,無需任何努力。

結果顯示,比起輕鬆獲准加入的人,歷經周折的受試者表示更喜愛討論小組。亞隆森解釋了箇中道理:**當我們在某件事上投入了時間、金錢或精力,結果卻是全然浪費時間時,認知**

便會出現失調,我們會想方設法來證明自己的錯誤決定是正確的,以減少認知失調的矛盾和壓力。

因此,亞隆森的受試者在一個刻意無聊的團體中,下意識地聚焦於有趣之處或至少可忍受之處。相較於投入較少精力加入討論小組的人,認知較無失調的情況,因此,更願意承認這是浪費時間的活動。

★ 別把頭埋進沙裡

對我不屑一顧的,不只剛剛提到的行銷總監。我的社群媒體行銷公司成立的頭三年裡,每天都受到抨擊、斥責和批評。

評論家稱我們為「寄生蟲」,說我們的業務只是「一時熱潮」,並預言我們「數月後就會宣告破產」。猶記 2015 年時,BuzzFeed News 發表了一篇帶有批判的文章,質疑我們的品格、作法和可信度,我還曾安慰了為此落淚的共同創辦人漢娜・安德森(Hannah Anderson)。

這些抨擊毫不意外地總是來自「傳統」媒體和行銷界,如電視、平面和廣播等媒體。他們視我們為討人厭的「行銷新手」。一名評論家稱我們為「神祕的社群媒體駭客」;另一名記者則寫道,我們透過「不太有品的廣告實務」賺取了數百萬美元。

老實說,我們並未從事任何革命性的創舉,他們只是出於不

理解，感覺身分認同受到了威脅，正如一名記者形容，「一群來自曼徹斯特、二十多歲的年輕人」逐漸攻占行銷市場。

當我們不理解某事、某人、新思想或技術，而且此新事物挑戰了我們的身分、智慧或生計時，為了緩解認知失調，我們往往會選擇退卻不前與攻訐，而非傾聽和挺身而進。這也許能讓人一時感覺良好，但把頭埋進沙裡的鴕鳥也更容易被吃掉。

這解釋了為何生活中的重大創新最初問世時總是飽受批評，它們威脅到了人們的身分認同、智慧和理解。因此我一直以來都堅信，若一項技術遭到大肆批評，通常表示其極具潛力，具有值得挺進的要素，因為**有人感到受威脅，創新即將來臨**。

這正是為何我對所謂「Web 3.0」、「區塊鏈技術」或「加密貨幣」等科技深感興趣，並創立了Web3軟體開發公司thirdweb，原因正在於所有對的人都加以否定、抨擊和怒斥此新技術。這股悲觀情緒讓我回想起自己在2012年初創立Web 2.0（社群媒體）公司時的情景。因此，我先不急著論斷，自行做了研究。

新技術發展之初，不乏諸多狡詐斂財和短視近利的行為，然而，在這些惡行背後，我發現了區塊鏈帶來的潛在技術革命。我相信它將有助於人類生活諸多層面更加便利、優質、高效且經濟實惠。thirdweb最近一輪融資中，估值達1.6億美元，現今有數十萬名客戶使用我們的工具。

也許有些創新未招致批評聲浪，請謹記判斷的重點在於，**創新之所以能夠顛覆，是因為它與眾不同**。按照定義，它應該看來奇特、應該感覺不尋常、應該受誤解，而且聽來錯誤、愚昧、笨拙甚至非法。

我就此主題採訪了廣告界傳奇人物、奧美（Ogilvy）廣告集團副總監羅里·薩特蘭（Rory Sutherland），他表示：「諸多時候，人們在意的往往不是一個想法是否真實或有效，而是它是否符合主流慣例或在位者預想的現實。新事物通常會危及自我、地位、工作和身分認同。」

認知失調和逃避現實的情況隨處可見。當我們受到某種意識形態、政治人物、報章雜誌、品牌或科技吸引時，此種忠誠會扭曲與其抵觸的證據。若我們認定某人為「對立方」，即便對方一語不發，我們的認知依然會產生矛盾。

★ 如何「挺身而進」？

引用教育企業家邁克·西蒙斯（Michael Simmons）的話：「現在四十歲的人到了 2040 年時，也就是他們六十歲時，經歷的變化速度將是現今的四倍。按照今天的標準，感覺一年的變化將在三個月內發生。現年十歲的人到了六十歲時，將在短短十一天內歷經現在一年的變化。」

全球頂尖未來學家雷‧庫茲威爾（Ray Kurzweil）總結了此種極速變化的深遠影響。他指出：「我們在二十一世紀將不只經歷百年的科技進展；（按照現今的發展速度衡量）我們將目睹約兩萬年的進步，或比二十世紀的成就快上一千倍左右的進展。」

變化只會越變越快──所以，做好心理準備，你將越來越常經歷認知失調的情況，那種感到有些事不合理並與你的已知衝突的感覺，將日益增加。

正如〔法則03〕和〔法則04〕所討論，承認自己的錯誤，而不本能地自我辯護或否認，需要自省的能力，而且至少必須歷經短暫的認知失調。

相信各位絕不想成為錯過下一波科技革命的企業家：你不會想成為忽視下一個重大行銷機會的行銷長、也絕不想成為忽視新媒體領域的記者，更不想成為「退卻不前」的人。回顧前述的變化速度，**未來將有多不勝數的事情考驗你，誘惑你「退卻不前」**。

所幸，我們可以採取一些實用或心理技巧，來減少認知失調和衍生出的「退卻不前」行為。

其中一種技巧是預設兩個看似矛盾的想法可同時為真，並刻意將兩者分開，亞隆森與其社會心理學家同僚卡蘿・塔芙瑞斯（Carol Tavris）將此技巧稱為「裴瑞茲方案」。

以色列前總理西蒙・裴瑞茲（Shimon Peres）對友人暨美國前總統雷根（Ronald Reagan）正式造訪葬有前納粹分子的德國墓地感到憤怒。當被問及對雷根決定造訪公墓有何感想時，他原本可以選擇下列兩種方法來減少認知失調：

1. 斷絕友誼。
2. 駁斥雷根的訪問微不足道，不值得憂心。

然而，裴瑞茲並未採取上述回應，只是簡單表示：「朋友犯了錯時，朋友仍是朋友，錯誤也依然是錯誤。」

裴瑞茲設法「控制」了認知的不協調，並拒絕硬是將兩件事合理化的衝動，避免了簡單、下意識的反應或被迫二選一的處境。他明察秋毫，意識到兩個明顯衝突的事物可能同時為真。儘管激情的網路部落主義會誘使你相信有些事是二元的，但**你最重要的信念不該是二元論；挺身而進的人，能同時看見新舊方法的價值，不必被迫排斥或譴責任何一種方式。**

Web 3.0、人工智慧、虛擬實境、社群媒體、對立的政治意識形態和社會運動等，當我們面對不理解的想法、創新和資訊

持續挑戰我們的傳統，或威脅我們的身分認同，使認知出現失調時，關鍵在於克制妄下論斷的衝動，因為這個舉動通常只是為了安撫自我的認知失調；反之，我們應該挺身而進、去鑽研，並且捫心自問：為何我相信自己的信念？我有可能錯了嗎？我知道自己在說什麼嗎？我是否因為不理解而退縮？我是在遵守政黨路線嗎？這是我自己的信念，還是來自同溫層的信念？

有耐心和信念做到這一點的人無疑將掌握未來。

而做不到的人，將繼續遠遠落後。

★ 法則05：正面看待奇特想法

遇到不了解的事物時，挺身而進。當它挑戰你的智慧時，挺身而進。當它讓你覺得自己愚蠢時，挺身而進。退卻不前會讓你落後。不要封鎖與你有異議的人，多關注他們。不要逃避讓你不舒服的想法，盡力接受、理解它們。

✱ 不冒險將是你的最大風險。

你必須冒著失敗的風險,
才有機會成功。

你必須冒著心碎的風險,
才能去愛。

你必須冒著被批評的風險,
才能獲得掌聲。

你必須冒著平凡的風險,
才能達到非凡的成就。

在生活中逃避風險,
很可能就此錯失了生活。

The Diary Of A CEO

Law #06
想要有效影響行為，以提問代替陳述

> * 此法則揭露了最簡單、有效的一種心理技巧，你能用以驅策他人行動、養成習慣或執行期許的行為。而且，此技巧可以應用於自身或他人！

1980 年的美國，羅納德・雷根正參選總統，對手是 1976 年當選的總統吉米・卡特（Jimmy Carter）。當時經濟狀況極糟，雷根必須說服選民，是時候將卡特趕出白宮了。

1980 年總統大選最後一週，兩位候選人在 10 月 28 日舉行了唯一一場總統候選人電視辯論會，共有 8,060 萬觀眾收看，成為當時美國史上收視率最高的辯論會。

辯論會舉行時，民調顯示，現任總統卡特領先八個百分點。

雷根深知他必須利用卡特糟糕的經濟政績來對付他，但他並未像先前其他總統候選人一樣，單純地陳述經濟事實，而是做了前所未有的事，自此之後每位總統候選人似乎都如法炮製。他問了一個簡單但當今大家都聽過的問題：「**你現在過得比四年前好嗎？**」

他是這麼說的：

「下週二，在座各位都將前往投票所，在圈票處做出選擇。建議大家做決定前，最好先自問，你現在過得比四年前好嗎？比起四年前，你在商店購物時是否更能不加猶豫？國內失業率比四年前高還是低？美國的國際地位是否仍媲美從前？⋯⋯如果所有問題的答案都是肯定的，我想，選擇把票投給誰可說是顯而易見。」

辯論結束後，美國廣播公司新聞網（ABC News）立即以電話訪問進行民調，結果收到了近 65 萬份回覆，近七成的受訪者表示，雷根贏得了辯論。七天後，雷根在 11 月 4 日大選之日，取得有史以來最成功的壓倒性勝利，以十個百分點大贏卡特，成為美國第四十任總統。

問一個問題便足以扭轉乾坤？不僅如此，這是有科學佐證的政治魔法。何以見得？因為**問題有別於陳述，會引致主動的反應，促使人們思考**。所以，俄亥俄州立大學（Ohio State University）研究人員發現，當事實明顯有利於你時，提問比單純陳述更能影響行為。

★ 提問對行為的影響力

我們都開過空頭支票，還記得你曾說過多少次「我今年飲食會更健康」或「我這週每天早上都會去運動」之類的話，但卻總是未能兌現？**我們當然有意貫徹始終，但光靠意願，並不足以促成有意義的改變；也許，精心設計的問題可以。**

來自美國四所大學的科學家團隊，梳理了四十多年來一百多項研究後發現，若想影響自己或他人的行為，提問比起告知更具成效。

此項研究的共同作者、來自華盛頓州立大學的大衛‧思普羅特（David Sprott）表示：「若你詢問一個人未來的行為，此一行為發生的可能性便會改變。」問題所引發的心理反應截然不同於對陳述的反應。

舉例而言：寫著「請做好資源回收」的告示，比起寫「你願意幫忙資源回收嗎？」，後者較可能促進大家做好回收。告訴

自己「我今天要吃蔬菜」，比起自問「我今天要吃蔬菜嗎？」，後者更可能增進你吃菜的機會。

你願意幫忙資源回收嗎？

令人驚訝的是，研究人員發現，將陳述轉換為提問對個人行為的影響長達六個月。

只能用「是」或「否」來回答的問題，其問題－行為效應（question/behaviour effect）更有效果。

而當提問鼓勵的行為符合接收者的個人理想或社會抱負時（即回答「是」會讓他們更接近自己想成為的人），問題－行為效應最為卓著。

以「願意」（will）開頭的問題意味著自主和行動，比起以「能否」（can）或「可以」（could）提問（暗示問題是關於能力，而非行動），前者對行為的影響力更大。它也比用「會」

（would）提問的問題更有成效，「會」是有條件的，給人的感覺是可能性大於機率。

★ 善用認知失調

我在〔法則 05〕解釋了認知失調現象多麼有害，現在我將說明它的益處。

認知失調指的是，你所期望的「最好的自己」與當下的你不相符時，所產生的心理不適。

假設你渴望成為太極拳專家，而當一名友人問你是否每天練習太極拳時，若你的答案是否定的，就會彰顯出你想成為的人和實際的你之間尷尬的落差，進而使你產生認知失調。

為了弭平理想與現實的差距，你也可能回答「是」。當答案是肯定的，願望就更可能實現。原因在於，**這個問題不僅提醒了你想成為什麼樣的人，還指出了成為那個人的途徑，而且你已下定決心去實踐**。一切都始於一個強而有力的小小提問。

回答是非問句的問題時，對行為影響更大，這是因為二選一的問題不容辯解或找藉口──兩者都讓我們能夠逃避現實，不去面對自己想成為的人和實現目標必要的努力。

若你讀過我的第一本書，必定知曉我優秀的私人助理蘇菲每週都宣告自己「週一要去健身房」。當時的我還算天真好騙，

有時會問她週一是否眞的去了健身房，她會用冗贅繁瑣的理由來說明她爲何去不了，然後再度宣稱自己打算下週一去健身房。八年來，她周而復始，一直如此。

> 是非問句的好處在於，它不給你任何轉圜空間來欺騙自己，並迫使你無論如何都得做出明確的承諾。

因此，若你開始爲自己的行爲找藉口，或想對其他人說教，希望他們採取不同作法時，請嘗試這個方法：用是非問句來詢問自己或對方一個簡單問題。

對於需要額外動力又可帶來益處的領域，是非問句的效果非常好。例如：「我今天要去健身房嗎？」或「午餐要吃健康一點的食物嗎？」，不接受任何解釋，答案只有肯定或否定。

最近，我在葡萄牙波多（Porto）的女友家附近跑步，此地以高低錯落的地勢聞名。當我接近一座格外嚇人的斜坡時，它看上去如此陡峭、幾近垂直，問題－行爲效應救了我。

我問自己：「你要不要繼續跑、不停歇地直到攻頂？」

接著我告訴自己：「要。」

雖然無法解釋，但出於某種原因，這個方法確實幫上了忙。我一路不停歇地跑上了最高處；這個提問讓我立下了自己不願

打破的承諾,而且毫無停下腳步的藉口。

　　問題－行為效應也可以用來幫助他人：詢問親人或好友,「你願意飲食更健康嗎？」或「你願意爭取升遷嗎？」**經過一再證明,此種溫和的對質可帶來穩健、重大的改變,鼓勵人們成為最好的自己。**

　　你也可以在工作中善用此技巧。假設你在餐廳擔任服務生,服務了一桌心滿意足的顧客。收餐盤時,別對他們說「希望你們喜歡今天的餐點」,而是在拿帳單給客人時反問「餐點好吃嗎？」──就在他們決定要給多少小費之前。

　　正如雷根總統所教導,**當事實明顯有利於你時,提問就是最強大的工具,能鼓勵你期望的行為。**

★ 法則06：想要有效影響行為,以提問代替陳述

　　若想創造正向的行為,別光靠陳述事實,以二元的是非問句提問。若回答「是」能讓人更接近理想的自己,他們很可能給出肯定的答案；而一旦回答了「是」,那麼,這個「是」便大有機會能實現。

**A 對自己的行動提問，
你的行動將會給出答案。**

Law #07

寫自己的故事，別輕言妥協

> 此法則將介紹一個你可能從未聽過的概念，稱為「自我故事」(self-story)；本章闡述你的自我故事將如何決定了你人生的成就，並提供祕訣，幫助你敘寫更傑出的自我故事，實現遠大的抱負。

「很多人不曉得這一點……」小克里斯·尤班克（Chris Eubank Jr）坐在椅子上，臉色陰沉地向前傾身說道。

冠軍拳擊手小克里斯·尤班克，同時也是國際拳擊名人堂（International Boxing Hall of Fame）傳奇人物克里斯·尤班克（Chris Eubank）之子。他在本書出版前曾前來我家受訪。

小克里斯繼續說道：

「……但成為拳擊手，80%關乎於心態。要穿過成千上萬的群眾，你必須具備勇氣、膽識和韌性。你一邊走著，一邊心知，當你抵達擂臺，步上臺階，你就必須脫掉夾克。鐘聲即將響起，你將在全世界數百萬人的注視之下，不得不與某人對打，不得不受傷，不得不傷害他人。光是走那段路，對世界上大多人來說，都是舉步維艱。拳擊格鬥本身更不用說了，那更需要強大的心理素質。」

我：依你之見，人能透過訓練獲得如此強大的心理素質嗎？

小克里斯：我認為可以。我見過其他拳擊手透過訓練發展出此種心態，這也是必要的。你終究會在訓練、對打練習和比賽中受到重創，你會自我質疑：我在做什麼？我會沒事嗎？我能打敗這傢伙嗎？我該放棄嗎？我該另尋出路嗎？所有疑問會排山倒海而來。每個拳擊手不可避免都會經歷這樣的時刻。

我：你是否曾認真考慮過中途退賽？

【長時間靜默】

小克里斯：我還記得，有一次我差點要放棄。在成為職業拳擊手之前，我去了一趟古巴。那裡的男人簡直是野獸或怪物。我上了擂臺進行一場隨意的對打練習，然後古巴奧運重量級代表走上臺，進入場內。我原以為，他進到擂臺是要做空拳練習、熱個身，然後與其他人對打。結果，其他人說：「不不不，你們倆來對打練習。」我當時心想：「呃，他身形幾乎是我的三倍大，你們在開玩笑嗎？」他們回答：「別擔心，他只是和你練拳，隨便打就好。」於是我心想，好吧，那就上吧。

第一回合的鐘聲響起，這傢伙衝向我，開始對我猛攻。那是我受過最重的幾拳。砰、砰、砰，我不斷閃避、繞著擂臺左躲右逃，他卻直朝著我進攻，我根本擺脫不了。

砰、砰、砰，他將我擊落了擂臺！我從四英尺高的擂臺飛落，摔到堅硬的水泥地上，膝蓋撞上了地面，兩腿完全麻痺，我試

著站起來，但雙腳動彈不得。我抬頭一看，這位古巴重量級選手正靠在圍繩上，低頭俯視著我。我面臨著重大抉擇，我該說「聽著，我的膝蓋受傷了，而且你太大隻了」，還是我要回到場上繼續迎戰？我坐在水泥地上，環顧四周，大家都盯著我，我父親也在場。我暗自下了決定，心想「放馬過來，我們繼續打吧」。於是，我回到場上，古巴人又開始向我發動另外兩輪猛攻……但我只想著：**我必須撐完三輪，因為我自己說要打三輪。我不會在眾目睽睽下放棄，否則我無法原諒自己，我得回家睡上一覺，但我若是讓另一個男人逼我棄賽，我將夜不成眠。**所以，我回到擂臺上，像個男人一樣接受了我的敗北。

從那天起，我不再畏懼，這是我人生中最糟糕的經歷，但也是最美好的祝福。我現在清楚了自己的能耐和極限，我深知自己有絕不輕言放棄的決心，如果他無法讓我放棄，往後就沒人能逼我放棄。後來的職業生涯中，我一直將此信念謹記於心。

我：這太不可思議了。你談論的正是關於你為自己而寫的故事，還突顯出了這個故事如何影響了你未來的作為。

小克里斯：說得沒錯。訓練時，這種情況最為常見：有時我在跑步機上跑步，小腿會突然抽筋，但我設定了跑步 40 分鐘，現在只跑了 32 分，離結束還有 8 分鐘。開始抽筋時，我會用一條腿跑，真的是一瘸一拐地跑。我想著，如果跑步機都能叫我放棄，那我在場上被其他選手重創時怎麼辦？我說不定會因

此棄賽。有這樣的體認非常重要，它教會我相信，無論事情多艱難，你都能找到出路。

不論有沒有人在看，或沒人知道我放棄，都無關緊要。重要的是，沒人看見時，你不能放棄──你絕不能有此心態，你必須把那些惡魔拒之門外。放棄的念頭猶如魔鬼，若你經常妥協，往後便會輕言放棄！

> 「我討厭訓練的每一分鐘，但我告訴自己『別放棄，堅持這一時半刻，往後的人生才能當個冠軍』。」
>
> ──穆罕默德・阿里（Muhammad Ali）

★ 自我故事創造「心理韌性」

美國軍隊堪稱地表最強，每年約有 1,300 名學員加入以嚴格著稱的西點軍校。入學新訓包含了一連串密集的魔鬼訓練，名為「野獸營」（Beast Barracks）。據研究西點軍校學員的研究人員指出，這些訓練「經過精心設計，主要是為了測試學員的心智能力極限」。

我讀到此項研究時，和大多數人一樣，認為耐力、智力、體力和運動能力最強的學員將會最成功。但當賓州大學學者安琪

拉‧達克沃斯（Angela Duckworth）更具體研究軍校學員的成就，以及心理韌性、毅力和熱情如何影響他們實現目標的能力時，她發現了出乎意料的結果。

達克沃斯追蹤了兩個新生班級近 2,500 名學員。她比較了數項指標，包括他們的高中排名、學術評量測驗（SAT）成績、體能測試結果和恆毅力量表（Grit Scale，以一至五等級來衡量對長期目標的毅力和熱情）。

結果發現，**最準確預測學員能否通過野獸營考驗的指標，並非體力、智力或領導潛能，而是心理韌性，以及實現長期目標的決心**。毅力是最重要的因素。信不信由你，恆毅力量表上光是高出一個標準差的學員，通過野獸營的可能性便高出 60%。

研究一再顯示，你的自我故事以及所擁有的「心理韌性」、「毅力」或「韌性」，對於達成事業和生活目標關鍵重大。這聽來不啻為好消息，因為**我們無法改變自己身體的狀態或與生俱來的能力，但卻能透過諸多方法努力發展自我故事**。

遺憾的是，自我故事所受的影響，不僅來自我們所收集關於自己的第一方證據，周遭的刻板印象也影響深重。

例如，若你所處的社會持有「黑人的能力不如白人」的刻板印象，而你恰好是黑人，也許會內化此種信念，使其成為你自我故事的一部分。**科學證據指出，光是這種刻板印象，就能大

幅左右你的自我故事、表現和最終成就。

　　八歲時，我在學校更衣室裡，迫不及待地換上泳褲，準備去上第一堂游泳課。這時，一位同學轉過身，漫不經心地對我說：「你聽說過黑人不會游泳嗎？他們的身體構造不同，你今天想必不輕鬆啊！」我有英國和非洲血統，所以在那一刻，因為那樣一句隨意的評論，我的興奮期待消失殆盡，我再也不相信自己能學會游泳。

　　無需贅言，那次的游泳課並不順利，我像落水狗一樣胡亂打水，最後中途放棄。我花了十八年，直到有靠得住的人強力說服我傳聞不是真的，我才終於學會了游泳。

　　1995年發表的一項傑出研究，用了「促發」（priming）一詞，來表明此種「刻板印象威脅」（stereotype threat）對個人的自我故事可能產生的效應。

　　研究人員對一組學生進行了高難度的詞彙測驗，但在測試開始之前，他們詢問了其中部分黑人學生的種族。令人驚訝的是，被問及種族的黑人學生在測驗中表現較差，得分低於白人學生和未被詢問的黑人學生。重要的是，未被問及種族問題的學生，成績不相上下。

　　負面刻板印象對個人自我故事的潛在影響，不僅能從種族問題上觀察到，另一項研究中，研究人員想測試「女性的數學能

力不如男性」的有害迷思。在對男女大學生進行測試前，部分受試者聽到研究人員說，男性和女性在這項測試中得分不同；其他人則被告知，先前的男女性受試者表現相差無幾。

聽見研究人員負面評論的女性，表現明顯較差，更為焦慮，而且相較於男性，對自己的表現期望也較低。此項實驗發現**受試者接觸到關於性別的評論時，刻板印象威脅就會浮現，使其表現下滑，進一步證實了先前的研究結果。**

既然如此，若女性參加考試時，能擺脫自己的身分、改變自我故事，並假裝成別人，又會發生什麼事？

一位名叫張申（音譯，Shen Zhang）的研究人員決定對此進行試驗。他給了110名女大學生和72名男大學生30道數學選擇題。測驗前，所有人都被告知男性的數學成績比女性更好。此外，部分志願者被要求以真名參加測試，其餘受試者則被要求使用四個假名的其中一個來完成測試，分別是雅各·泰勒（Jacob Tyler）、史考特·萊昂（Scott Lyons）、潔西卡·彼得森（Jessica Peterson）或凱特琳·伍茲（Kaitlyn Woods）。

從測試結果來看，男性普遍表現優於女性。但令人震驚的是，女性受試者不論使用男性或女性化名，表現都比未使用化名的女受試者出色。而且，最重要的是，使用化名的女受試者表現與男性不分軒輊！

這又再度證明了，不用真名，用替代身分來進行測試和訪談的優點。套一句研究人員的話來說，此種方式也許能「讓受到汙名化的個人遠離威脅」，更重要的是，還有助於「消除負面刻板印象對個人的威脅」。

★ 科學證明，發展自我故事對健康、工作和生活好處多多

小克里斯所描述的自我故事，是科學家和心理學家所熟知的理論，稱為「自我概念」（self-concept），即個人對自我的看法，包含我們對自己的所有想法和感受——身體上、個人上和社會上。自我概念涵蓋了個人對能力、潛力和職能的信念。

自我故事在幼年和青少年時期發展得最迅速。隨著我們在成年生活中收集到更多關於自己的證據，自我故事也會不斷形塑和演變。

・你的自我故事有助於增強心理韌性

心理學教授法圖阿・騰塔瑪（Fatwa Tentama）表示，正向的自我故事會影響個人的「韌性」。擁有正向自我故事的人更樂觀、在逆境中更堅忍、更能應對壓力、更易達成目標。

> 「低自我概念的人會認為並相信自己軟弱、無能、不受歡迎，對生活失去興趣，悲觀看待人生，且輕言放棄。」
>
> ——蘿拉・波克（Laura Polk），科學家暨領導專家

印尼日惹梅庫爾布亞納大學（Mercu Buana University）科學家艾卡・阿雅尼（Eka Aryani）針對學生進行了一項研究，試圖了解自我故事和個人韌性之間的關係。研究發現，「自我故事」對學生「心理韌性」的影響比重接近 40%，其餘 60% 的影響因素，則包括：實際能力、家庭因素和社群因素。

⌜綜合上述，我們該如何強化自我故事，才能保持韌性和樂觀，實現目標，並在逆境中堅忍不拔？⌟

・打造更強大的自我故事

你也許聽過赫赫有名的大學籃球教練約翰・伍登（John Wooden）的名言：「個人品格的真正考驗，在於無人看見時的所作所為。」他說得沒錯，但根據科學研究，個人品格也是在無人注視時被塑造、建構或摧毀。

> 無論有沒有觀眾，你的一切作為都只是向自己證明：你是什麼樣的人，以及你有何能力。

如〔法則04〕的發現，你用自己的感官觀察一切所獲得的第一手證據，對於建立或改變信念的影響最為重大。

你獨自在健身房進行舉重訓練，這是最後一組了，你必須重複十次才算完成訓練。做到第九次時，你的肌肉開始充血——此時，你會怎麼辦？

此時此刻，你的選擇也許看似無關緊要，但我們所做的每個決定，都會在當日的自我故事篇章中，寫下另一行有力的第一方證據，關於我們是誰、我們如何應對逆境，以及我們的能力。

這些證據不僅關乎於你在健身房中超越自我，還會滲透到你往後的人生，不斷地影響著你的行為。

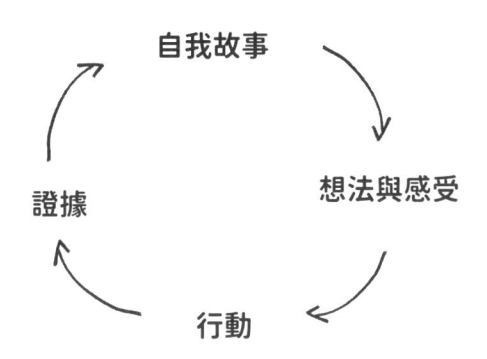

自我故事 → 想法與感受 → 行動 → 證據 → 自我故事

遭遇困難時，這些證據就會對著你耳語——「放下重量吧」、「放棄吧」、「別忘了，你做不到」。科學研究指出，比起充滿毅力、排除萬難和致勝的故事，面對困境時，關於自己的負面證據會帶來更多壓力、憂慮和焦慮。

我們對自我的信念形塑了自身的想法和感受；而我們的想法和感受，決定了我們的行動；我們的行動則創造了關於自己的證據。要創造新的證據，你必須改變自己的行為。

即便在重訓第九下時結束會更輕鬆，卻選擇做完第十下；即便逃避比較容易，卻選擇進行困難的對話；儘管保持沉默比較省事，卻選擇提出額外的問題。把握每一次機會，以千萬種微小方式向自己證明：你有能力克服人生的挑戰。唯有如此，你才能真正掌握克服生活挑戰所需的——強大、正向、以證據為基礎的自我故事。

★ 法則07：寫自己的故事，別輕言妥協

長遠的成功需要心理韌性，這主要來自於正向的自我故事。為了建構你的自我故事，你需要證據，而證據就來自你在逆境中的每個抉擇。小心反面證據，以及反證對自信和行為的潛在長期影響。若一個八歲孩子說你學不會游泳，請叫他滾蛋。

☆
一個人能否在未來
取得新的成就，

最有力的跡象
來自於
現在展現的新作為。

The Diary Of A CEO

Law #08

別與壞習慣對抗

✱ 此法則主要關於養成和改掉壞習慣的驚人事實，並說明為何對抗壞習慣是失敗的策略，往往會導致反效果，以及你應該怎麼做。

我從小就一直擔心父親會離開人世。

快滿十歲前，我和兄弟姊妹無意間發現了父親私底下有抽菸習慣。據我推測，他向我們隱瞞了這一點是為了避免我們有樣學樣。但我們找到他的小雪茄後，他就開始在我們面前抽菸。

令我訝異的是，他只在車上抽菸，從來不在聚會上、家裡或職場抽菸，唯有在車上。我數度輕微嘗試讓他戒菸，但總是失敗。直到十年後某天，在不經意的情況下，他終於戒掉了四十年來的習慣。

為了說明事情經過，我得先簡單解釋一下習慣如何形成。

查爾斯・杜希格（Charles Duhigg）在其著作《為什麼我們這樣生活，那樣工作？》（*The Power of Habit*），**率先提出了習慣迴路（habit loops）的概念。**

觸發因素

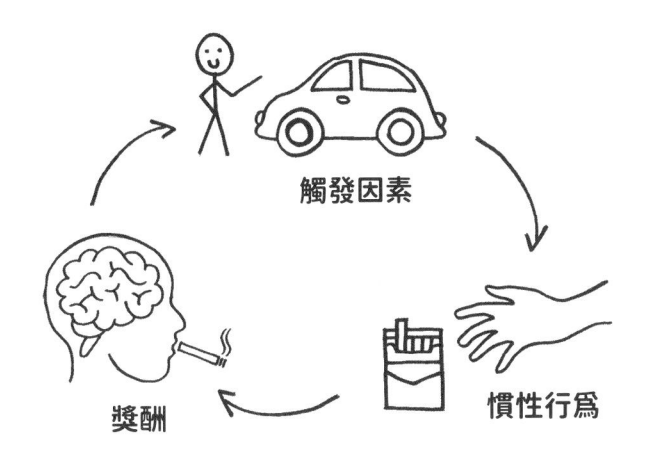

慣性行為

獎酬

　　他在書中探討了習慣養成的方式和原因、為何習慣會持續，以及我們如何破除習慣。習慣迴路由三大關鍵要素組成：

- 提示（Cue）：習慣的觸發因素（例如：高壓的會議或負面事件）。
- 慣性行為（Routine）：你的習慣（例如：抽菸或吃巧克力）。
- 獎酬（Reward）：習慣對個人的影響／結果（例如：如釋重負或幸福感）。

★ ★ ★

　　我十八歲時自大學休學，創辦了一間科技新創公司。當時的

我讀了尼爾・艾歐（Nir Eyal）的著作《鉤癮效應：創造習慣新商機》（Hooked）。這本書說明大型社群媒體和科技公司是如何利用習慣迴路，來讓用戶對他們的產品上癮。在讀這本書時，我碰巧回家一趟，結果不小心把它忘在家父的浴室。

家父喜愛在蹲廁所時看書，於是拿起這本書讀了起來。他從中理解了自己的習慣迴路，最終意識到提示（他的車）、慣性行為（開車門、拿出香菸並點火）和獎酬（尼古丁刺激他的大腦釋放多巴胺），養成了他抽菸的習慣。

隔日，他去了車上，把香菸取出，將迷你棒棒糖放進菸盒，從此再也不抽菸。他的習慣迴路被打破，取而代之的是較不易上癮的新習慣，健康狀況也大大改善。

無論我父親是有意或無意，但從科學角度看來，他最重要的作為不是試圖與習慣對抗，而是**用較不易上癮的獎勵（即棒棒糖）來替代習慣迴路的最後一步**。

部分出色的新科學研究顯示了試圖對抗壞習慣有多麼愚不可及，以及為何這樣做的人最後似乎總會故態復萌。

你是否注意過，當你過於刻意不做某件事時，最終總會行為反彈，反而做過頭？

原因正在於，我們是行動導向的生物，而不是透過無為驅動的生物。〔法則 03〕提及的沙羅特教授向我表示：

「無論是巧克力蛋糕還是升遷，為了獲得生活中的美好事物，我們通常需要有所行動，努力獲得。因此，大腦經過調適，將行動解讀為與獎酬有關。所以，當我們期待獲得美好事物時，就會啟動『行動』的訊號，使我們更可能採取行動，而且是迅速行動。」

沙羅特提到了一項實驗，受試者被告知他們可以按下按鈕來獲得獎勵（一美元），或按下按鈕來避免負面行動（損失一美元）。結果或許不足為奇，為了獲得獎勵而按下按鈕的受試者速度，比按按鈕避免損失的受試者快上許多。

大腦連結了獎酬與行動，因此，你必須將行動與獎酬結合。

此外，部分研究顯示，你越是試圖壓抑特定的行為或想法，就越可能從事此種行為或想到此想法。這正是顯化力量的最佳例證，也就是所謂的「心想事成」。但這也進一步證明了，**試圖與習慣抗爭或不去思考特定習慣可謂下策**。

《食慾》（Appetite）期刊上一項 2008 年的研究發現，試圖克制想吃東西的受試者比起不這樣做的受試者，最後吃得更多。前者所展現的，即所謂的「行為反彈效應」（behavioural rebound effect）。

同理，《心理科學》（*Psychological Science*）期刊2010年的一項研究發現，刻意不去想抽菸的人比不刻意嘗試的人，更常想到抽菸。

這讓我想起了十八歲時駕駛教練給我的小建議：「史蒂文，你眼睛看哪，車就會往哪開。如果你不想撞到路邊的車，就別把注意力放在路邊停放的車輛，否則你就會偏向一旁的方向。眼睛向前看，看向遠方你希望車子行進的方向。」

用這個例子來類比習慣的戒斷和養成，似乎十分貼切：**你終究會朝著自己專注的方向去，所以別老想著戒菸，也不要與之對抗；聚焦在你想用來取代舊習的行為上。**

奧勒岡大學社會和情感神經科學實驗室總監艾略特・伯克曼（Elliot Berkman）表示，如果你是吸菸者，不斷告訴自己「不要吸菸」，大腦仍會接收到「吸菸」的訊息。反之，換成每次想抽菸時就嚼口香糖，大腦便能專注於更正向的行動目標。這說明了為何迷你棒棒糖幫家父戒了菸：他不僅把香菸從車裡拿出來，還用吃棒棒糖來取代吸菸，讓大腦專注於新行為上。

★ 想改掉特定習慣？先確保自己睡眠充足

「你有時間睡覺嗎？」過去十年間，我幾乎每週都會被問到這個問題，其中包含採訪者、座談會主持人或記者。而這個提

問背後隱含的假設一直讓我困惑，**大家是否認為我不太可能既事業有成，又睡眠充足？**但事實恰恰相反，我一直睡得很好。我從不在上午十一點前安排任何會議、電話會議或會面，而且鮮少使用鬧鐘，因為我深知<u>睡眠是成功的基礎，不是阻礙</u>。

史丹佛大學心理學教授羅素‧波德拉克（Russell Poldrack）指出：「人感到壓力時，更可能做不想做的事。」若你感覺壓力大，也許會藉由攝取糖分、加工食品、毒品、情色內容或酒精，來尋求多巴胺的刺激。

因此，為了養成新習慣，並在新習慣形成之初重複足夠次數，使大腦神經元共同發射與連結，重點之一就是避免壓力太大，這點在新習慣養成的關鍵初期尤其重要。

而想避免壓力，其中一項最有效也最簡單的方法就是：晚上睡個好覺。從社交生活到戒菸，無論你想改進什麼，睡眠都有所幫助。若你想改善體能，充足睡眠有助於提高速度、力量和耐力；若你希望工作表現更好，睡眠不足會導致工作效率低下；若你是管理者，沒睡飽可能會讓你粗心大意、難以專心、心情不好、甚至降低道德標準。

如果想減重或更健康飲食，睡眠不足會造成瘦體素（leptin）分泌減少，此種激素會讓身體產生飽足感。此外，睡眠不足也會刺激飢餓素（ghrelin，又稱「飢餓荷爾蒙」）的分泌量，使得食慾增加和脂肪堆積，甚至導致你選擇不健康的飲食。

因此，**若想破除舊習，並養成新習慣，請忘記所有複雜的訣竅或技巧，致力於根本方法——只要維持好心情、壓力別太大，以及睡眠充足**，你就會成功。

★ 一次戒掉一種習慣

眾所周知，意志力是成功的關鍵，但我們一直單純認定，意志力是一種一旦培養起來就不變的技能。直到約 25 年前，情況大為改觀，現為紐約州立大學奧爾巴尼分校教授的馬克·穆拉文（Mark Muraven）在攻讀博士期間主張，意志力會隨著我們的使用而減弱。

1998 年，穆拉文進行了一項如今知名的實驗。他在實驗室裡放了一碗紅蘿蔔和一碗剛出爐的餅乾，然後邀請了兩組受試者，並說服他們這是一項味覺實驗。第一組人被告知他們可以吃餅乾，忽略紅蘿蔔；而另一組人的要求則剛好相反。

實驗進行五分鐘後，一名研究人員進入實驗室；經過十五分鐘休息，兩組人分別拿到了一個不可能破解的謎題。

吃餅乾的受試者由於未使用意志力，十分放鬆，而且會一遍又一遍地試著解題，有些人甚至持續嘗試了半個多小時。平均而言，吃餅乾的人嘗試近 19 分鐘才放棄。

然而，紅蘿蔔組由於得克制自己不去吃美味的餅乾，而消耗

了意志力，他們的表現截然不同。他們變得非常沮喪，並表達不悅。有些人只是消極地把頭擱在桌上；有人則是對整件事大發雷霆，抱怨實驗浪費他們的時間。吃紅蘿蔔的人平均嘗試 8 分鐘左右，甚至不到吃餅乾的人堅持的一半時間就放棄了。

自從穆拉文的實驗以來，諸多學者也經由實驗證明了**「意志力耗損」（willpower depletion）的現象，意味著意志力並非單純是一種技能，它更像是肌肉，而且如同人體所有肌肉，會越用越疲憊**。一項實驗中，受試者被要求不要回想前一個實驗的某些事；接著，研究人員試圖逗笑受試者，他們笑得停不下來。另一項實驗則要求受試者觀看感人至深的影片，但必須壓抑自己的情緒；隨後的測試，主要關於身體活動而非情感表現，受試者如同不幸的紅蘿蔔受試者一樣，更迅速地放棄了。

假設關於意志力耗損的理論正確，意志力是有限的資源，顯而易見的，當你試圖培養新習慣和戒除舊習慣時，給自己的壓力、限制和負擔越大，養成新習慣的機會就越小，故態復萌的機會也就越大。

與習慣抗爭不是個好主意，這樣做會耗盡你的意志力，並增加你走回頭路的機會。這就是為何快速減肥法（crash diet）難以維持且成效不彰——**每當感覺自己是在剝奪內心真正想要的事物時，我們幾乎總是會失敗**。例如，2014 年的一項研究指出，

近 40% 的人表示他們未能實現新年新希望，是因爲目標太難維持或不切實際，10% 的人則表示他們失敗是因爲願望太多。

由此可知，習慣的養成重點在於，確保你的習慣簡單可行，足以維持，而且無需做出重大犧牲，否則就會耗盡你儲備的意志力。另外，與其同時改掉數個不想要的舊習，你應該減少目標，這會增加達成的機率。擁有太多好高騖遠、不切實際且以犧牲爲主的目標，將使意志力承受太大壓力，到頭來意志力耗盡，你也功虧一簣，然後故態復萌。

這也是爲何諸多心理學家和科學家發現，想要養成新習慣，最好的辦法不是去對抗舊習，或剝奪自己的獎酬，此種方式容易適得其反；而是**尋找新的、更健康且不易上癮的獎酬，確保自己一路下來仍能獲得獎賞**。

★ 法則08：別與壞習慣對抗

想戰勝特定習慣，不要與它對抗。調整你的習慣迴路，以正向行動取而代之。一次戒除一個壞習慣，嘗試改變的目標越多，成功的機率就越小。養成新習慣時，請好好照顧自己，並且睡眠充足。

☆ 睡眠、重訓、多活動、
微笑、大笑、傾聽；
閱讀、儲蓄、多喝水、
動作快、建構、創造；

你的習慣就是你的未來。

Law #09

把健康擺第一

> ※ 此法則指出，我們多數人的人生優先順序有誤，並敦促各位重新思量，以健康為優先。唯有如此，你才能活得長長久久，享受人生其他重要事物。

全球鉅富華倫・巴菲特（Warren Buffett）此時正坐在內布拉斯加州奧馬哈（Omaha）一小群大學生面前，給出他最重要的人生建議：

「我十六歲時，腦子裡只有兩件事——女孩和汽車。我對女孩子不太在行，所以只能想想汽車。我當然也會想一下女生的事，但在車子上的運氣較好。

假設我十六歲時，有個精靈出現在我面前。精靈說：『我會送你一輛自己選的車，明早它就會繫著大蝴蝶結送到你眼前，一輛全新、屬於你的車！』聽完精靈的話後，我會問：『這其中有何蹊蹺？』精靈回答：『只有一個問題，這是你此生唯一的一輛車，所以它最好能開一輩子。』

如果真的發生這種情況，我會如何對待這輛車？我大概會把使用手冊讀過五遍；好好把車停放在車庫；若車體有一點點凹

痕或刮痕，我會立刻修復，因為我不希望車殼生鏽。我會寶貝那輛車，因為我得開它一輩子。

你們的身心也好比這輛車。你只有一顆腦袋和一具身體，它們必須運作一輩子。現在的你們當然可以年復一年，任由身體和心靈隨波逐流。但如果你不好好照料自己的身心，四十年後，它們就會像車子一樣毀壞。

你現今的所作所為，決定了你的身心在十年、二十年甚至三十年後將如何運作。你必須妥善照顧自己的身心健康。」

我先前的人生中，八成的時間都優先考慮工作、女人、朋友、家人、我的狗和物質財富。直到 27 歲那年，我和全球所有人共同目睹，名為「新冠肺炎」的全球病毒席捲整個人類文明，不幸地奪走了六百多萬條生命。

由於年輕的特權和後天被灌輸的天真，疫情之前，「健康」對我來說是理所當然的事。坦白說，我並不關心自己的健康；我在意的是自己的外貌，所以我努力擁有六塊肌。但事實是，「健康」是我所幸從來無需擔憂的事。

我認為，新冠肺炎疫情對多數人造成了心理創傷，若要我說此次大疫有何好處，就是這兩年的創傷讓我將一個不爭的事實銘記於心──**健康應該是我的首要考量**。

一個國際研究團隊宣稱，他們從數十篇同儕審閱論文收集到

近四十萬名新冠肺炎患者的綜合數據發現，肥胖者感染新冠肺炎後，因病情加重需要住院治療的機率比一般人高出113％，不健康的人死亡率也明顯較高。

我一直認為，沒有人真正相信自己會死去。這點從我們的生活型態、擔心的瑣事和對風險的態度都清楚可見。然而，新冠肺炎讓我們感受到死亡的威脅，我有生以來首度如此接近死亡，這讓我反思起死亡帶來的恐懼、解放感和不確定性。

凝視著死亡的真實面目，我看到了自己生命中的優先順序多麼有問題。我看見自己的工作、女友、朋友、寵物、家人和擁有的一切，都只是放在「健康」這張脆弱桌子上的物品。

生命可能一如既往地隨時會奪走你桌上的任一物品，但我仍會擁有其他物品。你可以把我的狗帶走（拜託不要），但我仍擁有桌上其他物品；你可以把我女友拿走，我仍然擁有其他物品；但如果你拿走了桌子，也就是我的健康，一切都將分崩離析，我會失去一切。

一切全憑這張桌子。

一切端賴我的健康。

健康是我的首要基礎。

因此，邏輯上來說，健康必須是我每天、永遠的首要之務。接受這個現實，把健康放在第一位，也讓我能更長壽，才能好好享受生命中其他重要的人事物，像是我的狗、伴侶和家人。

> 表達對生命感激最好的方式，就是照顧好自己。

　　有此體認之後，我的人生徹底轉向。過去三年，我的飲食習慣改變，減少糖分、加工食品和精製澱粉的攝取；我開始每週運動六天，從未間斷；而且還大量飲水、攝取蔬食和益生菌。

　　客觀而言，我身強體健，這當然再好不過；錦上添花的是，我感覺也很棒。身體健康對我生活的方方面面產生了深遠的正面影響，包含我的事業、生產力、睡眠、人際關係、情緒、性生活、自信等等。因此，撰寫本書時，我必定要將自我照顧納為成功的不二法則。

> 「認為自己沒時間鍛鍊體能的人，早晚得挪出時間生病。」
> ——愛德華・史丹利（Edward Stanley）

★ 法則09：把健康擺第一

　　好好照顧身體。畢竟，它是你擁有的唯一工具，是你用來探索世界的唯一容器，也是你唯一真正可稱之為家的所在。

你的健康
是一切的根基。

支柱

2

精通敘事

THE STORY

Law #10

荒謬是比實用更好的宣傳

> ✱ 此法則說明如何以百分之一的預算，讓行銷或品牌訊息傳播十倍遠，觸及十倍多的受眾。

二十歲時，我創辦了第一家行銷公司。公司的發展速度超出了我的經驗所及，並在成立一年後，收到了我們最大客戶高達三十萬美元的投資。

當你給一個缺乏經驗、年方二十且首次擔任執行長的人一大筆錢，遠多過他一生所見，他很可能用這筆錢做些蠢事。這正是後來發生在我身上的事。

我在英格蘭北部的曼徹斯特租下了 15,000 平方英尺的巨型倉庫，還簽了十年的租約，倉庫大到足以容納數百名員工，但我們只有十個人。

在為公司添購辦公桌之前，我就先蓋了一個夾層並設置了遊戲室，以便大家玩電玩遊戲。而且，我覺得用樓梯離開遊戲室太無聊，於是決定豪擲 13,000 英鎊，購買了一個底部連接大球池的巨大藍色溜滑梯。

辦公桌終於送到時，我們已經安裝了籃球架、存貨充足的酒吧、啤酒龍頭，辦公室中央種下了一棵大樹，以及其他不成熟的設施。

接下來幾年，儘管員工平均年齡只有二十一歲，但我們公司卻成為了業界最受矚目、最常提及、發展最快且最具顛覆的企業。連續幾年，我們的業績平均年增長超過 200%，客戶不乏全球數一數二的品牌。到我二十五歲生日時，公司員工已增加至五百多人。

這個故事最有趣之處在於，我們從來沒有業務團隊。
我們不需要業務團隊，因為我們有一座巨大的藍色滑梯。

我曉得這聽來有些瘋狂，甚至像是在誇大其辭。但說真的，我們成立最初幾年，媒體曝光的最大來源，就是那座巨大的藍色滑梯。

每則媒體採訪的報導大標、每個談論我們的電視頻道和部落格，總是會提及、調侃或關注那座巨大的藍色滑梯。

等到公司成立三週年時，這座巨大滑梯已被記者拍攝過無數次，而且許多記者要求我躺進球池拍照作為報導影像，這已經成為我們辦公室流傳的笑話了，每當有記者抵達接待處時，辦公室裡一定會有人對我大喊：「快進去球池！」

BBC、BuzzFeed、VICE 新聞（VICE News）、第四頻道

（Channel 4）、第五頻道（Channel 5）、ITV、《富比士雜誌》、GQ、《衛報》、《電訊報》（*Telegraph*）和《金融時報》──全都排隊等候來我們的辦公室，報導公司的故事和採訪我們，而報導標題影像幾乎無一例外總是那座藍色巨型滑梯。BBC一篇報導稱我們擁有全英國「最酷」的辦公室；VICE 來製作關於我們的紀錄片時，攝影團隊大半時間都試圖從不同角度拍攝球池和藍色大滑梯。

事後回想，整個創始團隊都同意，儘管看來愚不可及、不經意且幼稚，但我們做過最棒的財務決策之一，就是投資 13,000 英鎊在這座藍色大滑梯上。

坦白說，我經營公司的七年裡，這座滑梯真正的使用次數屈指可數，但滑梯的實用性不僅限於原有的用途，它作為行銷訊息的成效也該納入考量。

這座滑梯向世界宣告了我們的特點，像是「這家公司與眾不同」、「這家公司年輕有活力」、「這家公司勇於顛覆」和「這家公司深具創造力」等等。它比我們策劃的任何行銷活動都更響亮、有力地傳達了這些訊息。

若一幅畫勝過千言萬語，我們的藍色大滑梯便是寫下了一整本書，而那本書的故事正是關於我們是誰、公司的價值觀、理念和行事方式。

我絕不是在鼓勵你不惜千金去購買藍色大滑梯，我想說的是，**你的公關故事不見得關乎你所有有用、實際的作為，諸多情況下，甚至無關乎你銷售的產品，而是由與你的品牌相關的無用荒謬來定義。**

我的朋友最近加入了倫敦一家名為「第三空間」（Third Space）的健身房。第三空間可說是倫敦最大型的豪華健身房，擁有嶄新的三層樓空間。為了說服我加入，他告訴我：「你應該加入，這裡超棒，入口處甚至有一百英尺高的岩牆！」

你注意到他說了什麼嗎？他做了每個人都會做的事。他沒有提到數百臺實用的健身器材、無比有用的重量訓練架或非常方便的更衣室；他用健身房最荒謬的特質作為賣點，向我推銷。

實話實說，這招確實奏效了。我如今已經加入這家健身房一年多了，不過這段期間，我從未見過誰接近那座一百英尺高的岩牆，一次也沒有。

但當你聽說健身房有一百英尺高的岩牆時，會下意識心想，**如果健身房有一百英尺高的岩牆，那肯定什麼都有！** 或者，**如果健身房有一百英尺高的岩牆，那空間一定很大**。抑或，你是Z世代或千禧世代的話，也許會想：**如果健身房有一百英尺高的岩牆，肯定還有許多有趣、瘋狂的東西，我可以拍照上傳到社群媒體！**

> 品牌宣傳更關乎於其無用的荒謬特點，而非有用的實用特質；你最荒謬的一面，道盡關於你的一切。

★ 特斯拉用荒謬做行銷

相較於競爭對手，特斯拉在短時間內便成為了全球最暢銷的汽車公司之一。特斯拉的 Model Y 是歐洲最暢銷的車款，Model 3 則是美國其中一款最熱賣的豪華車，但特斯拉毫無廣告預算。

如同我的行銷公司不需要業務團隊，而我的健身房或許也不用行銷團隊一樣，特斯拉不需要廣告，因為它是以荒謬主導和定義的品牌。

特斯拉的行銷充滿了刻意荒謬的特徵，他們的車子總是充滿顧客、傳媒和廣大群眾能夠討論、笑談或口耳相傳的話題。多數汽車公司的駕駛模式都以「舒適」、「標準」和「跑車」稱呼，但特斯拉卻幽默地擁抱了荒謬的力量，稱其加速模式為「Insane（瘋狂）」、「Ludicrous（荒唐）」和「Ludicrous+（超荒唐）」。

2019 年，特斯拉推出了新的「卡拉 OK」功能，讓車主可以將自己的車變成卡拉 OK 點唱機；2015 年，特斯拉還發表

了著名的「生化武器防禦模式」，保護駕駛不受生化武器傷害。此外也引進「車載遊戲」（Arcade）模式，可將車輛變成裝了輪子的遊戲機；他們還安裝了「復活節彩蛋」，也就是駕駛必須自行尋找的隱藏功能，其中包括讓電動車變身聖誕雪橇、將前方車道變成彩虹路、甚至還有「放屁模式」，可讓車內任何乘客座位發出放屁聲。

上述所有功能聽起來都非常愚蠢、幼稚，就像我的藍色大滑梯一樣。

但是，**深入研究社群聆聽（social-listening）數據時就會發現，這些荒謬功能引發的話題，遠比所有主要競爭對手的實用功能加起來還多。**

對於平平無奇的事物，大家不會去思考、談論或記錄，但人們很願意分享荒謬的事物，無論是嘲笑它、拆解它或對著它哈哈大笑。

★ 啤酒淋浴讓釀酒狗賺進數十億美元

獨立酒廠釀酒狗啤酒（BrewDog）是英國 2019 年成長最快的啤酒品牌。如同特斯拉，釀酒狗經營時間也遠比多數競爭廠牌還短，而且行銷預算比起部分全球競爭對手（其中不乏兩百多年以上的歷史老牌），只是九牛一毛。

又一次，這樣的財務劣勢並未阻擋他們的行銷曝光，原因在於，他們的策略（無論好壞）是在傳播行銷訊息時，刻意製造足夠荒謬的話題。

2021年他們推出了釀酒狗連鎖飯店，並在每個淋浴間內安裝啤酒冰箱，讓住客可以邊淋浴邊豪飲啤酒。我非常確定沒有人會使用它——至少任何有理智的人都不會——但在網路上搜尋圖片就會發現，許多飯店照片中都有淋浴間的啤酒冰箱。**一個品牌最荒謬的特點就是它的話題所在。**

啤酒冰箱的存在勝過千言萬語，直接向顧客宣告了：「我們專為啤酒愛好者服務」、「我們是叛逆的品牌」、「我們不中規中矩」、「我們顛覆創新」、「我們有幽默感」、「這家飯店專為與眾不同的人打造」。若是年輕世代，它還傳達了另一個有力的訊息：「這家飯店可以為你的社群媒體提供精彩內容」。

★ ★ ★

如果荒謬行銷果真如此強大，大家何不都以此做行銷？原因在於，多數企業領袖、財務長和會計師都要求行銷、品牌和產品計劃具有可直接衡量的投資報酬率。

然而，**我所描述的荒謬性非常難以衡量或量化，所以就像行**

銷、故事行銷和品牌建立的諸多層面一樣，你要麼相信，要麼不信。

從我擔任全球頂尖品牌顧問長達十年的觀察，少數相信荒謬的力量、並願意實踐的人，幾乎都是公司創辦人（受任的執行長通常偏好規避風險，財務掌控權較小、對品牌價值的信念較低）。他們的行銷預算幾乎總是多出對手十倍，而且長久下來總是引領業界。最重要的是，與他們共事比較有樂趣。

環顧四周，你會發現，最具影響力的品牌故事常會利用荒謬、不合邏輯、奢華、低效和無厘頭等特性，因為慣例、相似性和理性雖然有用，但無法反映出品牌的真實本質和獨一無二之處。

「真正有意義的行動，不是為了自己的立即利益，而是我們為此所承擔的代價和風險。」

——羅里・薩特蘭，奧美廣告集團副總監

★ 法則10：荒謬是比實用更好的宣傳

你會因你的荒謬行徑而爲人所知，無需多言，你的荒謬將道盡關於你的一切。荒謬更有效、有趣，但它不適合膽小鬼；它屬於勇於冒險的人、傻瓜和天才。

☆ 常態會被忽略，
荒謬才有賣點。

Law #11

慎防「習以為常」

> ※ 此法則將透過科學研究，解說在書寫、演講和製作的內容中引人注意的方法，這是所有聞名於世的故事講者、行銷人員和創作者不能說的祕密。

「我得把手臂切斷。」

六天的時間裡，艾倫‧羅斯頓（Aron Ralston）憑著堅毅的決心、驚人的意志和人類強大的生存本能（內建於所有人體內），暫時忽略所經歷的劇痛，切斷了自己的手臂，讓自己活了下來。

2003年春日，羅斯頓獨自駕車前往猶他州莫阿布（Moab），準備騎登山車挑戰著名的滑石越野小徑（Slickrock Trail），並打算接著花幾天時間獨自攀爬峽谷，為同年晚些時候攀登阿拉斯加的丹奈利峰（Denali，前稱為麥金利峰）做準備。4月26日，他進入了藍約翰峽谷（Bluejohn canyon），來到五英里處，有顆巨石卡在峽谷的岩壁之間，他慢慢地穿越，不慎鬆動了一塊重達八百磅的岩石，岩石滑落下來，他的右手臂被落石夾在岩壁狹縫。

他不只手臂被砸得血肉模糊，而且還無法搬動落石，羅斯頓被困住了。他沒告訴任何人自己的所在位置，只帶了一小袋水和幾條營養棒，而且還要過好些天才會被宣告失蹤。

羅斯頓被困住了。

他試圖解救被卡住的手臂，經過一番折騰，歷經了難以置信、震驚和絕望之後，他終於冷靜下來。

他隨身攜帶的廉價多功能小刀，是他逃出的唯一辦法。接下來幾天，他試圖鑿開這塊大石頭，但無濟於事；然後，他再度嘗試鑿開峽谷岩壁，同樣毫無幫助。時間所剩無幾，他一開始還有三公升的水，現在只剩下一公升了。

他回想：「我可以克服疼痛和恐懼，但我克服不了身體對水的需求。」

羅斯頓已被困在峽谷裡五天了。別無選擇的情況下，他決定做一件不可思議的事。他用空著的手收拾好東西，深吸了一口氣，然後開始割斷自己的手臂。

他盯著小刀的骯髒刀片看了一會兒，然後把它插進了被困的手臂。羅斯頓花了一個多小時截肢，結果成功了：他意識清醒，他還活著，而且他現在自由了。

羅斯頓筋疲力盡，渾身是血，但他如釋重負，腎上腺素激飆升，他走出了峽谷，並且在走了六英里後，遇到了一些遊客，

他們把羅斯頓帶到了安全的地方。

令人吃驚的是，羅斯頓在自己的書裡，以及描寫他遭遇的電影《127小時》（127 Hours）中，都對自己的困境表現得意外沉著、專注和冷靜。

他說：「痛苦、等待救援的想法和事故本身等等，所有一切此刻全都退居一旁，我全神貫注在行動上。」

上述雖然是極端的例子，**但它突顯了內建於人類大腦的諸多生存工具，其中一項便是大腦有能力排除它認為不相干的資訊，讓我們能專注於對生存和福祉更重要的、新的陌生資訊。**這些資訊也許是以超乎想像的痛苦、危難或絕望感等形式呈現，就像羅斯頓的例子一樣。

羅斯頓談到自己的傷勢時，在書中說道：「最奇怪的事也許是我並未因受了傷而感到疼痛，畢竟我面臨的處境困難重重，傷勢的痛並未重要到足以引起我大腦的注意。」

羅斯頓描述的，正是驚人的心理現象 ——「習慣化」（habituation）。

★ 何謂習慣化？

<u>習慣化</u>是內建的神經系統裝置，有助於我們專注在重要事物上，忽略大腦不需注意的事。

猶太大屠殺倖存者埃利・維瑟爾（Elie Wiesel）在第二次世界大戰期間，被關押在奧斯威辛和布亨瓦德（Buchenwald）集中營，他描述了自己和其他囚友如何時時刻刻面臨暴力和死亡的威脅，以及集中營可怕的聲音和令人作嘔的氣味。然而，隨著他們在集中營待的時間越長，他們的大腦經歷習慣化後，開始對他們面臨的危險、聲音、氣味和其他困境變得麻痺。

年輕的捷克詩人帕維爾・費舍爾（Pavel Fischl）被關押在納粹控制的特萊西恩斯塔特（Theresienstadt）貧民窟，他描述了那裡的人如何迅速適應了可怕的新環境：

「我們都已習慣了營房走廊的腳步聲；我們習慣了營房的四面黑牆。我們習慣了站在長長的隊伍中，在早上七點、中午和晚上七點，端著碗接一點有鹹味或咖啡味的熱水，或拿一些馬鈴薯。我們習慣了在沒有床的情況下睡覺，在沒有收音機、唱機、電影院、劇院和尋常人的煩惱下生活。我們習慣了看著人們在自己的穢物裡死去，習慣看著病人身處在令人作嘔的髒汙中……我們習慣了一週都穿同一件衣服。嗯，一切都會習慣的。」

習慣是大腦透過忽略或降低重複刺激的重要性，來進行調適的現象。

例如，當你身處一個持續發出嗡嗡低鳴聲的房裡，起初也許會覺得惱人，但幾分鐘後，你可能甚至不會注意到它，因為你的大腦已經適應了這個聲音，不再需要處理。

這種認知現象釋放了我們的心智能力，讓我們有餘裕去處理其他事物，有時也許會是攸關生死的新事物；而且，在任何有腦的動物身上，都可觀察到此種現象。

在一項研究中，研究人員將小鼠放入迷宮，迷宮的盡頭藏著巧克力。然後，他們監測小鼠的大腦活動：「小鼠初次進入迷宮時，會嗅聞空氣、抓牆壁，其大腦瞬間活躍了起來，彷彿在分析每個新氣味、景象和聲音。雖然小鼠看來冷靜，但牠的大腦正瘋狂地處理一切資訊。」

但是，小鼠一旦找到巧克力後，當牠再度被放回迷宮中，尋找藏在同一處的第二塊巧克力時，小鼠的大腦活動就完全消失了。牠現在處於自動導航模式，小鼠不再需要處理任何資訊，牠已經習慣迷宮，所以會自動朝巧克力的方向前去，毫不猶豫，**如同我們都無意識地在習慣的生活中穿梭一般，去工作、去健身房或去家中熟悉的角落，無需思考、處理甚至沒有注意到熟悉的環境資訊。**

小鼠的大腦現在處於自動導航的狀態，因此，認知能力便被釋出用來思考其他事情。所以，理論上來說，小鼠可以一邊前去尋找巧克力，一邊思考當天工作遇到的複雜難題。

簡而言之，若我們不去習慣環境，大腦也許會因為需要處理大量的感官刺激而崩潰。

★ 語義飽和

父。

你是否曾注意，若你一遍遍重複唸某個詞彙，它就會開始變成只是一種聲音？甚至當你一直盯著重複出現的字時（如上所示），大腦最終也會忽略它的意義。此種熟悉感的喪失，有時會讓一個字看來像是屬於另一種語言。盯久一點，一個字也許會看來只是筆劃的組合；再盯久一點，它看來就會像紙上毫無意義的線條符號。

你可能有過類似經歷：反覆使用某個詞彙時，突然感覺奇異、陌生和困惑。你如此頻繁使用這個詞彙，以致於不得不停頓一下，確認詞彙的意義。

此情況主要源於某種習慣化的形式，名為「語義飽和」（semantic satiation），此術語由夏威夷大學社會科學院心理學教授萊昂・詹姆士（Leon James）首創，係指一個字或詞的含義由於不斷重複，而一時之間難以理解。而大腦傾向忽

略它無需投入資源的事物。**

這種效應在我們的視覺感官亦可觀察到。當患者被給予一種麻痺眼部肌肉的藥物時，只要經過幾秒鐘，他們眼前的世界就會開始消失。

他們並未入睡，但是無法移動眼部肌肉，意味著光線會以完全相同的模式落在眼睛後方的受器上，對人體所有感官來說，當特定輸入為恆定時，我們會透過習慣化的過程逐漸調節，消除恆定，在此情況下，消除的就是整個視覺世界。

只要在受試者面前揮手（或有任何移動的物體），就能夠恢復患者的視覺。

★ 習慣化如何發生？

神經科學家尤金・索科洛夫（Eugene Sokolov）表示，當文字、聲音甚或是身體感覺等刺激被感知時，神經系統基本上會建立一個「模型」，包含了造成刺激的原因、什麼樣的刺激和大腦應當如何反應。

多數的感官刺激是無需反應的，因此，當不重要的刺激發生時，大腦建立的模型便包含了未來忽略該刺激的指示。

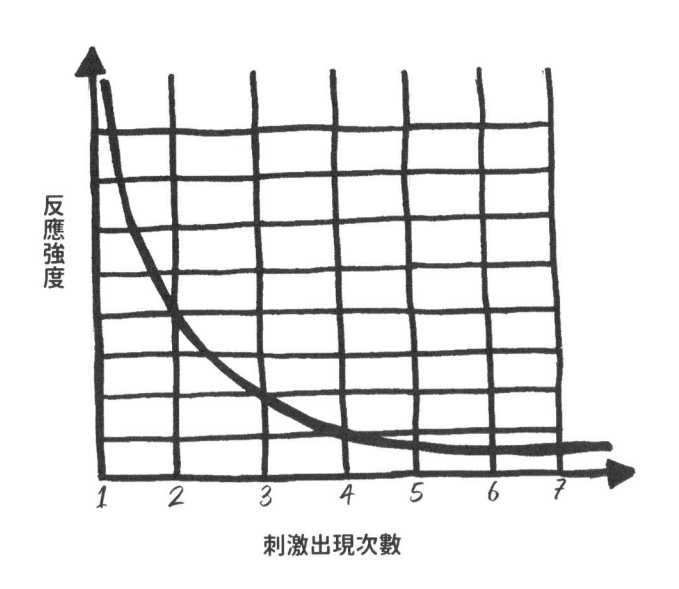

重複刺激反應的習慣化曲線假設

☆ 恐懼會減緩習慣化過程

警告。警告。警告。警告。警告。警告。警告。警告。
警告。警告。警告。警告。警告。警告。警告。警告。
警告。警告。警告。警告。警告。

有趣的是，任何字詞都可能受到語義飽和的影響，但要多長時間才會失去意義則各不相同。例如，情緒化的字詞或諸如「小心！」等意涵強烈的詞彙，似乎較不受飽和效應影響，這是因為我們的大腦與此類詞語建立了其他更密切的聯繫，使其意義不太可能被忽略。

★ ★ ★

所有臉部表情中，與威脅相關的表情似乎最具影響力。出於明顯的生存導向理由，對我們來說，分辨受威脅和平靜的面孔至關重要。相較於中性和快樂的面容，研究顯示，即使只有七個月大的嬰兒也會較注意恐懼的臉孔。

過去兩年，我在自己的 YouTube 頻道上，用兩百多個 YouTube 縮圖進行 AB 測試，結果發現縮圖表情越活潑、越具威脅性或嚇人，影片的點擊次數就越高。然而，大腦習以為常而忽略的中性表情，在所有頻道的點擊次數則明顯較差。

★ 音樂和聲音的習慣化

多年來，心理學家詹姆士已證實，**語義飽和不僅在讀字時會發生，我們生活中的所有景象、氣味和聲音也都深受影響。**

若你有養貓或狗，或許已注意到，當你在觀賞 Netflix、交談或放音樂時，牠們似乎很輕易就能入睡──這同樣是由於習慣化的關係。一項研究中，研究人員向一隻熟睡的貓咪大聲播放特定聲響，貓立即醒來；但隨著聲響越來越常播放，貓咪每次被吵醒的間隔逐漸拉長，到後來貓咪直接沉睡。然而，如果音調稍有變化，貓咪就會立刻醒來。

詹姆士也探究了音樂的習慣化現象。據他發現，最快進入暢銷金曲排行榜的歌曲，由於在廣播中更頻繁播放，歌曲經過習慣化，也最快跌出排行榜；慢慢攀升至排行榜冠軍的歌曲，也會緩緩退出排行榜，而不是突然掉出榜外。

有鑑於此，大家自然會心想，那為何我們會喜愛重複播放同一首歌呢？這個疑問讓我想到了另一個心理現象，名為「重複曝光效應」（mere exposure effect），**係指人由於反覆接觸，而對自己較熟悉的人事物產生好感。**

社會心理學家羅伯特・札瓊克（Robert Zajonc）於1968年進行了一項實驗，其中受試者會接觸各種無意義的詞彙，每個詞分別出現一次、兩次、五次、十次或二十五次。結果，受試者在評價聽到的詞彙時，出現五次、十次或二十五次的詞語比只聽過一、兩次的字詞更正面。此後，又有數項實驗進一步證實了重複曝光效應。

承上思路，若新事物能吸引我們的注意，但我們又較容易對熟悉的事物產生好感，那是否可能存在所謂最佳的曝光次數，**讓一項事物夠新穎，足以吸引大腦，但對我們而言又夠熟悉，而有所喜愛？**答案是肯定的，科學家稱此為「最佳曝光程度」（the optimal level of exposure）。

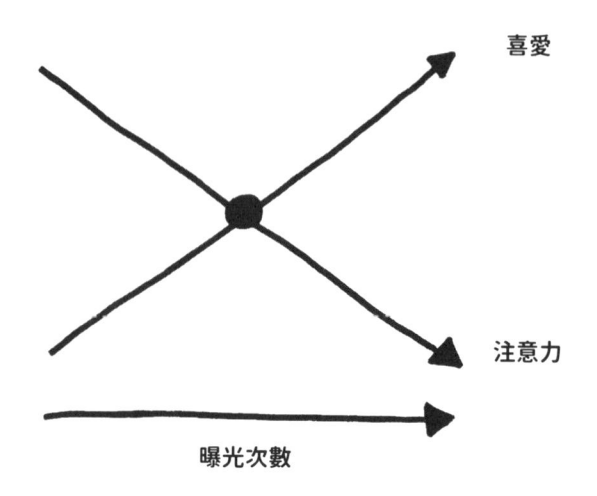

(圖:X 形圖表,向上箭頭標示「喜愛」,向下箭頭標示「注意力」,橫軸標示「曝光次數」)

要製作出夠新穎又足以吸引大腦注意、但又夠熟悉而受歡迎的作品,是大多數唱片公司和製作人頭痛的難題。這就是為何他們會針對熱門歌曲製作多種混音版本,為何新歌手會取樣經典老歌,以及為何多數歌曲都有熟悉的重複段落、風格和旋律。

☆ 氣味也會習慣

大腦也會習慣氣味。大家之所以經常問身旁友人是否聞到自己的體味,是因為我們的鼻腔受器已經習慣了自己的味道,我們再也聞不到自己身上的體味,氣味訊號不再從鼻腔受器發送至大腦。

若你曾連續不斷地試聞香水,相信對此現象並不陌生。香水銷售人員有時會建議你試聞不同香水時,先聞一聞咖啡豆,正

是為了試圖減輕嗅覺疲勞的習慣化現象。

在一項習慣化研究中，研究人員提供受試者一款臥室空氣芳香劑，每日會釋放出等量、濃郁但愉悅的松樹香氣，維持連續三週。研究人員表示，「受試者對氣味的敏感度日益降低，他們會越來越常詢問：你們確定芳香劑有作用嗎？」

★ 行銷的習慣化和語義飽和

諷刺的是，我讀了大量「語義飽和」相關研究後（數以千計的文章、研究和影片），這個詞對我漸失意義，在我腦海逐漸習以為常。

好幾次在撰寫及研究此法則時，我不得不停筆，再三檢查自己是否用了正確的用語，我的大腦對它似乎已變得無感、不敏感和陌生。

同理，由於語義飽和概念的新研究，行銷人員也必須重新構思他們的行銷策略。最時下的例子就是所謂的「黑色星期五麻痺」。「黑色星期五」一詞由於過度使用，對顧客的吸引力不如以往，我們重複使用它太多次，以致於對許多人來說，黑色星期五已經有如房間壁紙般平淡無奇。

行銷界任何詞彙或用語只要卓有成效，都會被濫用、亂用，

最終失效。作家暨記者札卡里・佩蒂特（Zachary Petit）表示：

「另一個有趣的例子是『革命』這個詞。1995 年，我和一名記者同僚注意到『革命（或革命性）』一詞在報紙廣告出現的頻率後，開始了一項計畫。我們檢視了 1950 年至 1995 年各種版本的報紙。結果發現，1960 年代末以前，『革命』一詞鮮少被使用，而且使用時多半用於描述實際的政治革命。

然而，到了 1960 年代末，左右派主要政黨、甚至青年團體都頻繁重複這個詞語。隨後，我們在 1970 年代中的一份報紙上，看到了家具品牌的平面廣告，聲稱其辦公椅採用『革命性的瑞典技術』製造。此後，不論是電子產品、藥品、巧克力、牛奶、食用油或洗衣精，各種品牌廣告都聲稱自己的產品是『革命性』的。」

數十年過去，「革命」一詞使用過度，以致無論從政治或行銷角度來看，它都失去了意義，文字原本具有的效果和影響力也蕩然無存。

★ 突破大腦的習慣化過濾器

希望各位讀者為我保守一個祕密，避免這些用語被濫用或過度使用，而失去效果。

我在 YouTube 上推出播客節目「執行長日記」時，頻道每

月觀看數高達數百萬，但經常觀看節目的人中，約有 70% 並未訂閱頻道。於是，為了請求觀眾訂閱，我隨隨便便地在開場時加入了「請按讚和訂閱」，也就是每位 YouTube 創作者都會說的一句話。

可想而知，這對我的訂閱率幾乎毫無幫助，我的頻道訂閱繼續以龜速成長。後來，更深入思考原因之後，我的假設是：因為「按讚和訂閱」是所有創作者預設的用語，也許觀眾的大腦已經習慣了。這句話也許早已使用過度，所以觀眾根本聽不到這句話。

我根據習慣化法則自創了新的說法。在 YouTube 影片開頭前幾秒，我說道：

「74% 的人像你一樣經常收看本頻道但卻並未訂閱。」

（這句話傳達了具體且發人深省的訊息，繞過了習慣化的過濾，讓大腦注意到它。）

「若你喜愛我們任何影片，請幫忙按下訂閱。」

（這是互惠的呼喚，此種心理現象顯示，若其他人覺得你為他們做了些什麼，就會為你也做些事情。）

「訂閱對我們的幫助超乎你想像，而且頻道越大，來賓就越大咖。」

（這是對未來獎勵的承諾——若你訂閱的話，將有更大牌的來賓登場）

我說了一次這個新的「行動呼籲」（call to action）之後，觀看轉換率就驚人地成長了430%！這個頻道現在已是全球成長最快的 YouTube 播客節目，超越了赫赫有名的喬‧羅根（Joe Rogan）。數月之內，我的頻道訂閱人數從十萬增加到數百萬，據追蹤社群媒體統計和分析的美國網站《社會前瞻》（Social Blade）預測，未來五年訂閱人數將超過三千萬。

我以「壁紙」稱呼那些因過度使用而導致大腦習以為常並忽略的流行語、短語和行動呼籲，這些行銷「壁紙」，是有效和成功的故事及市場行銷的大敵。

行銷團隊出於懶惰、迴避風險或缺乏創意，經常使用常見的用語。但本篇法則指出，如果你有重要訊息想傳達至大腦迴路，吸引它的注意並獲得理解，請使用意想不到、非比尋常和語義尚未飽和的語彙。

★ 關鍵不在於重複

我們在行銷界常被教導，重複是關鍵。媒體廣告其中一條寶貴原則就是，消費者越常看見你的廣告，就越可能購買。原則上來說無誤，畢竟所有的學習都仰賴特定刺激的重複呈現，但重點在於掌握使重複的刺激具建設性（如對學習而言）或破壞性（如飽和）的條件。

多項研究的研究人員發現，廣告訊息的曝光頻率與影響力的關係，可用倒 U 曲線來表示。

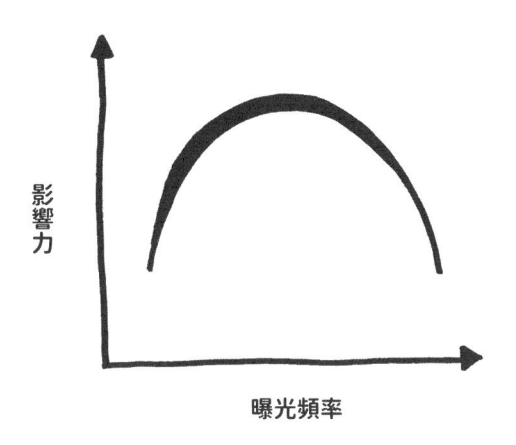

曲線上升部分（表示影響力增加）為「語義生成」（semantic generation）階段，下降部分（失去影響力）為「語義飽和」階段。對廣告商來說，最佳位置在曲線變換的轉折點，這是詞彙、訊息或用語在顧客心中最具影響和成效之處。

不論任何訊息，一旦達到此臨界點，即使依舊難忘，也不再是促成行動、帶動銷售或喚起情感反應的有效訊息。如果這個用語、詞彙或音樂最初的用意是為了促使消費者行動，此時也正是發揮創意，另外構思新方法來突破大腦的習慣化過濾器的時候了。

> 優秀的市場行銷會挑戰消費者的舒適圈，激發沉睡的大腦，引發強烈的反應與迴響。

強大的行銷策略需要觀點、回應和情感，但它不想被喜歡，你要不愛它，要不討厭它。而且，一旦大衆開始習以爲常，它就會改頭換面，再度吸引受衆注意。

★ 法則11：愼防「習以爲常」

語言文字至關重要，決定了思想、政治人物和品牌的命運。知道如何以俐落、引人注目且打破慣例的方式進行溝通，將是生活中諸多努力的成敗關鍵。大腦具有習慣化過濾器，這個原始的生存工具對我們影響深遠，它能適應並排除最難以忍受、令人痛苦、煩擾或難聞的刺激。爲了讓你的訊息被聽見，請務必以不重複、不被過濾和不傳統的方式來說故事。

> 無論喜歡或討厭，想方設法引人注意。

Law #12

別怕得罪人

> ✱ 此法則將說明激怒眾人為何是建立重要品牌不可避免的後果，以及為何「被討厭」代表了你說對話了。

準備本書時，我逛了洛杉磯的邦諾書店（Barnes & Noble），想對出版趨勢進行一些觀察研究。結果其中一項最明確、驚訝的發現就是，心理勵志書籍的書名如今大多充斥了粗話！

馬克・曼森（Mark Manson）在 2016 年出版了《管他的：愈在意愈不開心！停止被洗腦，活出瀟灑自在的快意人生》（*The Subtle Art of Not Giving A F*ck*），掀起了這種在書封上罵人的風潮。

我在寫書期間訪問了曼森。他告訴我，這本書的銷量已超過 1,500 萬本。曼森的書名正好突顯了作者如何試圖避免語義飽和，繞過大腦的壁紙過濾器吸引讀者注意，以在競爭激烈的同類書中殺出重圍。

到了 2018 年，亞馬遜暢銷書排行榜上前 25 名的書中，除了

《管他的：愈在意愈不開心！》之外，還有《今晚有何該死的計畫？》（What the F*@# Should I Make for Evening?）、《五十種吃雞雞的方法》（50 Ways to Eat Cock）、《去他的！放過自己》（Unf*ck Yourself）和《他媽的！給我冷靜點》（Calm the F**k Down）。

根據檔案庫資料顯示，十年前，排行榜上的書沒有一本用粗話作為書名。

暢銷作家莎拉・奈特（Sarah Knight）的編輯麥可・斯澤班（Michael Szczerban）出版了她幾本書名有點粗、但銷量數百萬的熱賣書，其中也包括前面提到的《他媽的！給我冷靜點》。他表示：

「出版商和作者都在想方設法，希望能突破市場雜訊，來觸及讀者。以粗話為書名的作法，似乎讓某些書能達到目標。一旦有成功的案例之後，就會有其他人模仿。當然有人不喜歡如此，部分零售商不願銷售帶有髒話書名的書，但總歸利大於弊。」

當他說「但利大於弊」時，指的便是行銷最基本的原則之一，即避免語義飽和，並且讓自己被聽見。

十多年來，我全部的行銷團隊都在利用、宣揚和實踐此原

則，我們甚至還把這段話寫在辦公室牆上：「無論喜愛或討厭，想方設法引人注意。」

> 對行銷人員來說，最無利可圖的結果就是，大家對你的產品或品牌不感興趣，既不愛也不討厭。

當大眾對你的言語、訊息或行動呼籲漠不關心時，最容易落入上一條法則可怕的習慣化過濾器中。

我採訪了珍・沃爾文（Jane Wurwand），她是德卡保養品（Dermalogica）和國際皮膚研究學院（The International Dermal Institute）的傑出創辦人及願景長。

沃爾文是美容界最受推崇和敬重的權威之一。德卡在她的帶領下，已發展為首屈一指的護膚品牌，全球 100 多國超過十萬名美容師都在使用他們的產品，她也因此成為美容業最富有的女性之一。

她避免顧客習以為常的首要行銷祕訣，就是說些和做些「惹毛人」的事情。她解釋：

「我們必須準備好激怒 80% 的人，否則就永遠吸引不了 20% 的人。

若非如此，我們只會處於中庸、平庸、普通、可接受，但無法占據主導性的地位，那頂多能賣產品，但不是做品牌。

品牌應該要引發情感反應，所以我們的行銷口號是：『我們必須激怒 80% 的人，來吸引 20% 的人。』

我們不需要人見人愛，我們若不顛覆一點，每個人只會喜歡我們，但他們不會愛我們。然而，如果有人討厭我們，就一定會有人愛我們。」

話雖如此，但要小心：所有情感策略都有保存期限──**隨著大腦逐漸習慣，並減輕相應的影響，情感連結的效果就會遞減。**

比較 2018 年與至今書名帶有粗口的書籍的銷售情況，顯而易見，此種策略的效果開始消減。任何使情感訊息奏效的因素終將會帶起流行，但流行造成的習以為常，又會迅速將其轉化為尋常之物。

★ 法則12：別怕得罪人

別害怕用情感強烈、大膽甚至具爭議的行銷方法會疏遠受眾，努力引發人們的情感反應，吸引 20% 的受眾，激怒其餘 80% 的人，遠比所有人都無動於衷更具價值。

☆ 有人會愛你，有人會討厭你。

有些人根本無動於衷。

你只能與前二者產生連結，

但對第三類人，
你無計可施。

漠不關心最無利可圖。

Law #13

透過心理學，攻心為先

> ✱ 此法則將展示如何對產品進行表面上極小的改造，使能在顧客心中創造巨大的感知價值，且通常無需花費；並說明你最愛的品牌用在你身上的心理技巧。

原來我已經受制於我的理髮師三年了。

他每週都在同一天的同一時間來我家，幫我剪同樣的髮型。我相信他最注重細節，所以一直找他理髮。他是個完美主義者，我信任他幫我理髮。

有一天，他照慣例來幫我理髮，結果我們兩人第一次遇到分歧。他剪完頭髮後，解開我的理髮袍，說了聲：「剪好了，老兄。」

我本能地感覺有些不對勁，但說不太上來，只覺得他好像幫我理髮理得很倉促，不像以往仔細。

我回答：「真的嗎？這麼快！」我半信半疑地走到廚房鏡子前，開始檢查自己的頭，尋找他肯定有漏掉的部分。令人意外的是，這次的頭髮理得和往常一樣完美。

我依然堅信他是倉促理髮，於是走到手機前查看時間。結

果，他花的時間和每週理髮的時間一樣。

我大感困惑於自己為何莫名地感覺被虧待，便對他說：「不知為何，這次感覺剪得實在匆忙。」一時之間，他一頭霧水地看著我，接著彷彿被什麼好笑的笑話擊中，突然大笑到無法抑止。他解釋：「我的錯，都我的錯，老兄。我們聊得太開心了，所以我忘了例行的『收尾儀式』！」

收尾儀式？他接著向我透露他稱之為「最後一剪」的心理技巧，過去十年來，他一直將此技巧用在我和其他客人身上。

他說，他注意到，理髮結束時，如果他假裝檢查完成的髮型，然後再進行最後一次（假的）修剪，客戶總會更滿意。

所以，每次理髮結束前（包括我以前每次理髮），他都會執行「收尾儀式」──先關閉電剪，停頓片刻，然後繞著客戶來回，彷彿在仔細檢查他們的頭髮，接著假裝進行最後一小撮修剪，再宣布完成剪髮。

他今天只是忘了這個例行的小動作，我便下意識地感覺到了。我覺得自己的髮型看來比較糟、比較潦草或不用心，只因他忘了一個十秒鐘的心理技巧，而這個技巧讓我下意識相信他做事仔細。

其實，他的「最後一剪」無助於我的髮型，他也承認，有時這個例行動作甚至沒剪任何頭髮，但卻大大地影響了我的感

受，認為他做事相當周全。這就是「心理登月」（psychological moonshot）的力量，這個詞由奧美的薩特蘭所創。

> 心理登月是相對較小的投資，卻能大幅改善人的感知。

心理登月的力量證實了，投資於感知比起投資現實，幾乎總是更經濟、更容易且更有效。

✭ Uber也善用了心理登月的力量

「如果可以用手機叫車呢？」

這是崔維斯‧卡蘭尼克（Travis Kalanick）和加瑞特‧坎普（Garrett Camp）在巴黎某個寒夜裡問彼此的問題。他們從美國趕來參加技術會議，結果兩人站在街頭永無止盡地等待著計程車，經歷著許多人都不陌生的折磨：不確定計程車是否會來，或計程車何時到來？那天晚上，他們因為不確定和挫敗所提出的簡單問題，帶來了 Uber 的誕生，現在它已是全球 65 國、600 個城市每月超過一億人預設使用的計程車應用程式。

面對高壓的情況時，像是當我們快趕不上航班、會議或活動時，每一秒都感覺像一分鐘，每分鐘都感覺像一小時，而每小

時都感覺像一天。我們都能體會此種情況所產生的焦躁不安：這種感受就是不確定性為顧客帶來的可怕焦慮。

減少客戶的心理摩擦成為了 Uber 的主要挑戰，因此他們成立了一支內部團隊，全由行為（數據）科學家、心理學家和神經科學家組成，即所謂的「Uber 實驗室」（Uber Labs）。

Uber 實驗室在本身研究中，發現了**影響顧客對 Uber 滿意度和整體體驗看法的數個關鍵心理原則：峰終定律（peak-end rule）、懶散迴避（idleness aversion）、營運透明度、不確定性焦慮和目標漸進效應（goal-gradient effect）**。掌握這五種強大的心理力量讓 Uber 徹底顛覆整個產業，並創造出市值 1,200 億美元的公司。

1. 峰終定律：重點在於兩大關鍵時刻

峰終定律是一種認知偏誤，主要關於人如何記住一項體驗或事件。簡言之，人在經歷一項體驗時，會根據高峰期和結束時的感受來評價體驗，而不是根據每個時刻的完美加權平均來判定。最重要的是，不論經驗好壞，都適用此定律！所以，企業和品牌注意了：

> 客戶僅根據兩個時刻──最好（或最差）的時刻，以及最後結束時來判斷整體體驗。

這個觀點正好有助於理解為何假期開始時的糟糕航班對滿意度的負面影響比假期結束時要小；為何一頓美好的晚餐會因帳單上意外加收的費用而被破壞；為何與另一半愉快的約會之夜會因為最後兩分鐘的爭吵，而讓你的記憶蒙上陰影。

它還解釋了為何訓練有素的 Uber 司機會在行程結束時、你給他們評分和小費之前，對你格外友善。

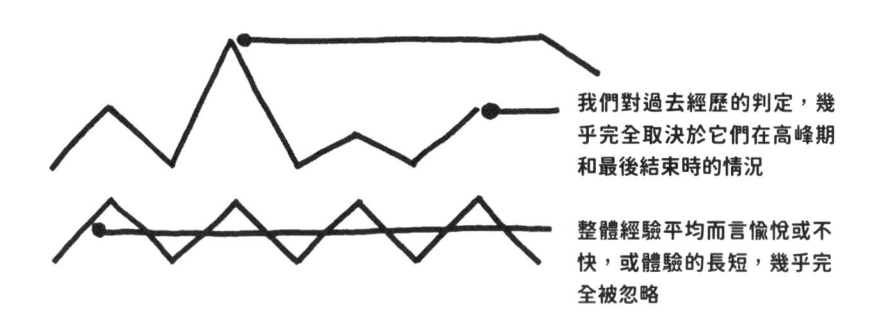

我們對過去經歷的判定，幾乎完全取決於它們在高峰期和最後結束時的情況

整體經驗平均而言愉悅或不快，或體驗的長短，幾乎完全被忽略

2. 懶散迴避：我們需要合理的忙碌

Uber 實驗室引用了一項研究，**指出忙碌的人比閒著的人更快樂，即使他們並非出於自願而忙（也就是你強迫他們從事某些活動）**。事實上，即便有些理由聽來虛假或牽強，同樣可以促使人們行動，這是因為我們渴望分散注意力和保持活躍。此項研究所透露的意涵在於，我們追求諸多「目標」，其實只是讓自己忙碌的藉口。

對 Uber 來說，這意味著，若他們能為等待的客戶提供一些觀看或互動的內容，分散客人的注意力，讓他們更開心，行程就更不容易被取消。

於是，Uber 實驗室團隊並不只是讓用戶知道司機預計抵達的時間，而是加入了引人入勝的動畫，包括地圖上移動的小汽車，讓客戶在等待時有東西可以觀看，以避免「閒置時的不快」。

值得注意的是，Uber 引用的一項研究顯示，若用戶能在等待期間做其他事，多數人會選擇較長的等待時間，而不是在無事可做的狀態下，選擇較短的等待時間。這一點某種程度上解釋了，為何餐廳會在你等上菜時招待小菜；為何 Netflix 和 YouTube 等串流媒體會在你停留於某部影片時先播放預覽；以及為何 Google Chrome 安裝了《恐龍遊戲》（T-Rex Game），在使用者無法連接網路時登場。

研究指出，讓客人保持忙碌可提高顧客滿意度、留客率和轉換率，增幅高達 25% 以上！

3. 營運透明度：品牌應該像玻璃盒一樣透明

2008 年時，搭計程車充滿了不確定性。乘客無法知道自己的計程車何時抵達（甚至是否會抵達）、誰來接他們，或為何車子要花許久時間才到。當時，若你坐上一輛沒有跳錶的計程

車，司機會根據自己的猜測隨意開價；即使你坐上了有跳錶的計程車，也會擔心司機故意繞路來多收費。

缺乏透明度有損顧客體驗，會產生不信任感；而缺乏信任則會讓顧客對品牌萌生懷疑、反感和不忠誠。

綜合上述，Uber 實驗室因此運用了名為「**營運透明度**」的心理學原理，開始說明叫車服務背後運作的每一步資訊，顯示等待期間的進展，其中包括預計抵達時間、詳細說明車費計算方式、合理估計所有內容和快速更新說明情況。

這些改進功能讓顧客叫車後的取消率降低了 11%，代表 Uber 每年行程多出了七十多億趟，價值高達數十億美元。

4. 不確定性焦慮

2008 年時，達美樂披薩（Domino's Pizza）歷經了有趣的營運和顧客體驗挑戰。等待時間比預期還長的客人會去電達美樂，詢問披薩外送的進度。於是，整個製作披薩的過程因此被打斷，接電話的人詢問做披薩的人延誤原因，而顧客最後只能獲得一個模糊且不確定的回答。去電詢問的顧客無意間減緩了自己的披薩外送速度，只因缺乏營運透明度方面的資訊。

部分連鎖披薩店為了因應此項挑戰，投資購入了保溫袋來維持披薩的溫度，雇用更多員工和外送人員，推行送達時間保證否則免費，並免費贈送麵包棒給延誤送達的訂單，但他們的電

話仍然響個不停。

他們忽略了問題的核心，也就是顧客的心理挫敗感。**消費者不想要訂單更快送達，而是降低訂單送達的不確定性。**

達美樂察覺到了這一點，2008 年時利用了內部訂單管理軟體建立了如今著名的「達美樂披薩追蹤器」，將外送流程分為五步驟，讓客戶能從追蹤器清楚得知自己的訂單準備進度。

這個小小的心理洞察及其伴隨的創新，讓達美樂的生意大為改觀。憤怒的客訴電話驟減，顧客滿意度和留客率大為攀升，達美樂在此過程中節省並賺進了數億美元。

《自然》（*Nature*）期刊上發表的研究顯示，比起處於不確定狀態（例如：不知道延誤的披薩在哪），知道即將發生負面事件（例如：曉得自己的披薩將晚三十分鐘送達），心理上的壓力更小。原因是，當我們面臨不確定性時，大腦中試圖預測後果的區域會變得最為活躍；換言之，它處於緊張狀態。正如薩特蘭在其著作《點石成金》（*Alchemy*）中所解釋，原定航班顯示「延誤」，比顯示「延誤五十分鐘」，更令人煩躁。

★ ★ ★

每天，東京車站的四個月臺有三百多班新幹線列車進出，平均間隔約四分鐘。列車僅在車站停留十分鐘，乘客下車需兩分

鐘，新乘客上車需要三分鐘。

　　JR 東日本旗下的子公司「TESSEI」負責新幹線的清潔工作，確保每日乘車的四十多萬名乘客享有乾淨衛生的環境。有鑑於如此快速的週轉時間，顧客經常抱怨列車的清潔和衛生情況──他們認定列車不可能在這麼短的時間內妥善清潔。

　　TESSEI 執行長矢部輝夫希望改變這種看法；他相信列車其實非常乾淨，但顧客沒有足夠的能見度去相信這一點。於是，矢部沒有僱用更多清潔人員，反倒決定讓清潔人員更突出：他將員工制服從淡藍襯衫，改為顯眼的鮮紅夾克，並要求清潔人員進行一場表演，也就是如今舉世聞名的「新幹線七分鐘劇場」，藉此迎接進出的旅客。

　　火車駛入月臺時，清潔人員會列隊站在車門前，在列車進站時鞠躬致意。他們拿著打開的垃圾袋，迎接抵達的乘客，並感謝他們丟出垃圾。然後，工作人員迅速進入車廂內部清理垃圾、清掃和消毒表面。完成後，清潔人員再度於列車旁列隊，向離站的列車和新乘客鞠躬致敬。

　　結果，不僅客訴大幅減少，而且據稱，清潔人員也因乘客對其工作的尊重，重新在工作中獲得了成就感，因此打掃得更徹底，工作也更快樂、更有動力。此番改革後來被稱為「新幹線七分鐘奇蹟」，也讓新幹線搖身一變成為世界上最為乾淨的火車線之一。

從此案例可知，即使是衛生清潔方面的不確定性，也可透過心理登月的力量來大舉改進：這也進一步證明了，**比起投資於現實，投資於感知幾乎總是更經濟、更容易且更有效。**

5. 目標漸進效應：接近終點線時的加速衝刺

1932 年，行為科學家克拉克・赫爾（Clark Hull）進行小鼠在迷宮中的研究。他利用綁在小鼠身上的感測器，來監測牠們奔向食物獎勵的速度。赫爾觀察到，小鼠越接近迷宮終點以及伴隨的獎品，跑的速度就越快。他將此原理稱為「目標漸進效應」。

> 事實一再證明，我們最大的動力來源就是距離實現目標有多近：越接近成功，工作的速度就越快。

參加咖啡館獎勵集點計劃的顧客，越接近獲得免費飲料時，就會越頻繁購買咖啡；參與歌曲評分來兌換禮券的網路用戶，越接近獎勵目標時，便會評分越多歌曲；領英（LinkedIn）的用戶若看到顯示他們個人資料完整度的「資料強度表」，就更可能添加個人資料。

Uber 實驗室則是透過地圖的設計來解決這個問題，地圖努力強調車輛距離上車地點和目的地有多近。

　　上述所有心理策略讓 Uber 成為全球最知名的計程車公司，並主導了世界各地的產業市場。根據 Uber 實驗室心理學專家所做的研究，Uber 現在宣稱，乘客只需坐 2.7 次 Uber 計程車，便會成為永久客戶。

★ 心理登月的力量

　　「登月」一詞源自阿波羅十一號太空飛行計劃。1969 年，阿波羅十一號首度將人類送上月球，此人便是尼爾・阿姆斯壯（Neil Armstrong），他稱此次的登月計劃為「人類的一大步」。所謂的「心理登月」，指的則是利用心理學的力量，來達到顧客滿意度的大躍進。

　　我採訪奧美廣告副總監薩特蘭時，他指出：

　　「想讓火車行駛加快十倍並藉此提高顧客滿意度，其實非常困難；透過利用心理學原理讓客戶感覺更愉快，相對則更易於提升滿意度。我認為，英國政府不需要花五百億英鎊來買更快的火車，只要改善列車上的 Wi-Fi 連線就可以了。未來五十年，人類最大的進步顯然不是來自科技進展，而是來自心理學和設計思維的進步。」

值得一提的是，在美國，多數電梯的「關門鍵」其實毫無作用。出於安全和法律原因，電梯門在設計上是根據一定的時間關閉。國家電梯產業協會（National Elevator Industry Inc.）前執行董事凱倫・佩納菲爾（Karen Penafiel）曾表示：「電梯乘客其實無法讓電梯門更快關閉。」但這種虛幻的安慰劑帶給人們控制的假象，減少了不確定感，讓人感覺更安全，進而提高了顧客滿意度。

有些洗手乳製造商在產品中添加薄荷腦、薄荷或尤加利葉，只為了讓使用者的手部產生一點刺激感，**「感受」到有東西在發揮作用，進而創造強大的心理效果**（亦常見於藥物和補品）。

麥當勞最近也部署了自己的心理登月計劃，他們安裝了自助點餐機和大螢幕，顯示訂單處理的進度，在顧客下單後提供他們電子商品券，利用目標漸進效應，減少等待過程中的不確定性、等待時間和挫折感。此項革新為麥當勞帶來了一連串豐碩的成果。

正如麥當勞前總裁唐・湯普森（Don Thompson）所述：「人都是先用眼睛吃東西，首當其衝看見的是每個品項的圖片，而不是菜單上的文字，這會讓人更想要上面的餐點，這也是以往店內陳列空間有限而無法實現的可能性。」

此外，研究顯示，使用觸控螢幕，讓人感到新奇和樂趣，增強消費者自我放縱的傾向，更可能盡情點餐。此外，由於不必

直接面對店員有點丟臉地說出自己長長一串、貪吃且可能太過詳細的點單,所以,顧客可以更放心點更多食物。

這個相對小的改變為這家全球連鎖速食店帶來了數十億美元的進帳:業績成長了近 10%,顧客滿意度也隨之提升,儘管餐點製作流程並未改變,但大眾對於這家「速食」餐廳備餐有多「迅速」,普遍給予了正面評價。

★ 法則13:透過心理登月,攻心為先

心理登月的力量讓品牌能透過表面上微小的改變,創造巨大的感知價值,且通常成本不高。心理登月是企業家、行銷人員和創意人員在嘗試創造價值(錯覺)時,應當最先關注之處。

✱ 不要與現實對抗，
投資於形塑感知。

我們的真相
不在於親眼所見，

在於我們選擇
所相信的故事。

Law #14

摩擦有時能創造價值

> ＊ 此法則將闡述一個違反直覺的真相：有時，如果你讓客戶體驗變糟，他們反而更想要你的產品。

我在擔任行銷執行長期間，參與了客戶可口可樂公司多場品牌行銷會議，他們的行銷主管似乎對於紅牛能量飲（Red Bull）和廣大的能量飲料市場大獲成功感到不解。

含糖飲料的銷量直線下降，但同樣不健康、帶有酸味的能量飲料銷量卻飆升。能量飲成長大幅領先含糖飲料的原因究竟為何？根據我們的研究顯示，不同產品類別的顧客具有不同的期待，而不同的期待則會伴隨不同的心理突破手段。

在我與薩特蘭的談話中，他指出，紅牛刻意讓能量飲變得難喝，來提供顧客提升表現和「給你一對翅膀」的心理期待。由於它的味道像藥品，而不是令人愉悅的碳酸飲料，所以能夠說服顧客，相信當中富含有用的強效化學物質。

讓產品「更好喝」，也許反倒會降低它們的吸引力，一切都取決於顧客的期待。

我的一位好友創立了歐洲成長最快的一個運動營養品牌，他同時也負責經營。他常向我坦白，他們其中一項最大的產品挑戰是，產品味道太好，使得顧客根本不相信它們有益健康。他們甚至一度認真考慮讓產品味道差一點，以增加銷量。

> 這些例子證明了，把事情變容易不見得是實現心理登月力量的方法；有時你必須反其道而行：增加摩擦、等待時間和不便，也可能有效地增加感知價值。

1950年代，通用磨坊（General Mills）以旗下知名品牌貝蒂妙廚（Betty Crocker）推出了多種蛋糕預拌粉。製作蛋糕時，顧客只須加水、攪拌和烘烤。這是萬無一失的蛋糕粉，內含奶粉和雞蛋，不可能出錯。蛋糕粉上市時，大家期待相當高，但這項產品並未獲得成功，市場反應也只是一般般。

通用磨坊不明白哪裡出了錯，它本想為忙碌的妻子和母親節省時間，但不知何故，這個作法並未受到歡迎。於是，他們聘請了一組心理學家進行調查。結論是，雖然此款產品比起從頭製作蛋糕更省時省力，但美國主婦卻因為別人認為她們悉心費時烘焙但實際並非如此，或不得不承認自己走捷徑沒付出努力，而感到愧疚，所以她們又回歸到傳統烘焙。

得知結論後，通用磨坊大可考慮用打廣告的方式來解決問題，但受到心理學的影響，他們選擇了不同的走向，違背所有行銷常規，挑戰突破顧客心理。他們所用的心理登月技巧是，從蛋糕粉中移除了雞蛋，並在包裝印上「加顆蛋」的字樣。**此種「減法技巧」造成了更多摩擦，使產品不那麼便利，讓顧客得多花一點力氣。客觀而言，產品價值降低了，但此舉卻讓烘焙者感覺更有價值，產品因此大賣。**

同理，每當餐廳送上一塊在熱石板上烹調的生牛排時，我很清楚他們有意或無意地施展了強大的心理登月手段。

大家都知道，每個人對牛排都有特定偏好，這意味著即便是最高檔的廚房，牛排也是最常被退還的餐點之一。要求客人自己煎牛排來幫助提高滿意度和整體體驗的價值感，這聽來似乎

不合邏輯,但這正是餐廳端上熱石板時發生的情況。

餐廳端上生肉,讓我能按照自己喜歡的方式烹調牛排(三分熟),藉此縮短了我的等待時間。不僅節省了廚師的時間,還有機會提升我的滿意度,並為我製造了參與感,減少客訴和退餐;另外透過讓我忙碌,也避免了顧客的閒置。在這個心理登月策略中,營運透明度、懶散迴避和目標漸進效應,全部同時發揮了作用!

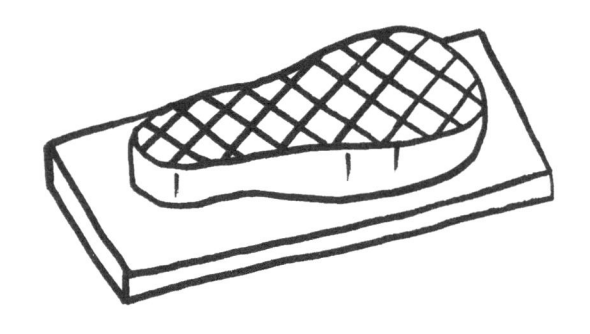

航班、飯店和保險匯總網站深知摩擦可以創造價值。他們發現,網站上的搜尋速度太快,反而會導致銷售減少。所以,他們人為地增加了搜尋時間,並具體顯示他們搜尋過的所有網站,試圖讓你相信他們已做了完整全面的搜尋,因此你不必再去其他地方尋找。這樣的策略成功促進了業績成長、留客率上升和回購率增加。

★ 法則14：摩擦有時能創造價值

　　摩擦有時能創造價值，聽來似乎可笑，但實施心理登月技巧的公司深知，人是毫無邏輯的，我們的決策和行為往往非理性、不合理，且不見得合乎邏輯。因此，若想成功影響顧客，有時你必須創造、製造和說出一些毫無道理的事物。

✱
「價值」並不存在。
價值是
我們滿足期待時
所形成的一種感知。

Law #15

陳述技巧遠比內容重要

> ✱ 此法則說明了產品呈現給消費者的方式如何大幅影響他們對產品價值的感知。

一個微不足道的錯誤破壞了我對最愛品牌的熱愛。

通常,你會發現我從頭到腳都穿著此特定品牌的服飾。幾年前,我發現了品牌創辦人的故事、願景、對細節的不遺餘力、創意、美學天分,以及他在每件傑作中傾注的精湛技藝,於是,我愛上了這個專為日常穿著打造、設計獨一無二的高價品牌。

某天,彷彿命定一般,我在隨意瀏覽社群媒體時,偶然發現了該品牌創辦人發布的影片。影片中,他導覽著品牌的中國生產線。原本影片的用意是藉由展示工廠產量、生產方式和產線管理流程,來炫示龐大的營運規模和飛快崛起。

然而,在那一刻,我心中的品牌魔咒被打破了;它帶給我的夢幻泡影就此無蹤。

讓我震驚的,並不是該品牌在中國生產的事實,也不是製衣工人的神情,甚至也無關乎產線環境;而是我從影片中看見

自己腳上穿的鞋，從一臺巨大機器被吐出來，扔進了成千上萬相同的鞋子堆裡。還有我當時穿的那件 T 恤，被隨意堆放在猶如大型垃圾箱的巨大容器，數千件衣服層層疊疊，滿溢至邊緣，就像塞得太滿的垃圾桶。

儘管該品牌從未明確提出主張，但我痴迷的腦袋始終認定他們的產品是獨特的藝術品，每件都是來自創辦人傾其全力、悉心製作。

邏輯上而言，我應該要猜到產品必定是在某處量產，但人在熱愛一個品牌時，是沒有邏輯可言的，我們根據眼前證據，選擇自己相信的故事。而在此之前，該品牌編織的敘事唯有藝術、獨特和浪漫。

⌜產品的包裝方式對其接受度影響甚鉅，而品牌如何陳述設計則左右了消費者的感知與看法。這一刻，我最愛的品牌形象已不可逆地改變了。⌟

這並不是近期的行為發現。1970 年代著名的百事挑戰（Pepsi Challenge）活動要求顧客盲飲百事可樂和可口可樂，兩款飲料分別放在普通的白色杯子和各自品牌的瓶罐中。受試者從杯子喝可樂時，他們更喜歡百事可樂；但令人驚訝的是，喝瓶裝或

罐裝可樂時，他們更喜歡可口可樂。**飲料的包裝確實影響了消費者的口味與品味。**

若你走進附近的電子量販店，也許會發現自己置身於巨大的電子叢林，電線、小工具和電池等產品從地面堆到天花板。傳統的產品行銷認為，展示的商品越多，銷售的機會越大，聽來似乎非常合乎邏輯，但蘋果公司知道人有時毫無邏輯可言，還有其他更重要的心理因素主導著銷售。

全球各家蘋果專賣店發揮了驚人的陳述力，無形之中說服顧客，讓人感覺花費數千美元購買 iPhone 之類的小型電子裝置很是值得。

蘋果將專賣店設計得猶如專門販售高價獨特作品的藝廊，而不是雜亂的電子量販店。他們的行為科學家深知，**店面所建構的陳述方式將影響當中銷售的商品價值。**蘋果僅在店內陳列少量商品，藉此喚起稀缺性的力量（這也是一種陳述形式），**當產品供應有限時，需求和感知價值也會隨之增加。**我們直覺都曉得，零售空間寸土寸金，因此，蘋果運用留白哲學，陳列的每件商品周圍都大量淨空，藉此突顯商品的價值的確值得如此高的消費。而消費者會從心理上將產品周圍空間的價值投入至商品本身，如同藝術品一樣。蘋果利用誘人的心理舞臺，來營造商品形象。

為了說明陳述方式如何影響感知，請參考下列的視覺範例：

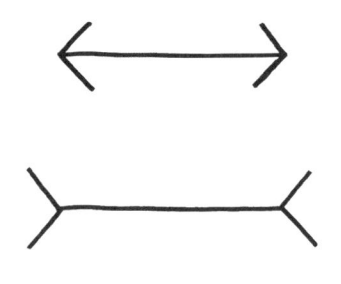

兩個箭頭之間的線條長度相同

我是穿戴式健康追蹤器 WHOOP 的公司投資人暨產品大使，這項產品可追蹤個人重要的健康指標，近期公司估值高達 36 億美元。WHOOP 在同類產品中位居首位，也深受顧客喜愛，其中包含了足球巨星「C 羅」羅納度（Cristiano Ronaldo）、知名籃球員「詹皇」（LeBron James）和「飛魚」邁克‧菲爾普斯（Michael Phelps）等人。

WHOOP 之所以能擊敗蘋果、Fitbit、Garmin 等擁有龐大行銷預算的穿戴巨頭，部分原因正是歸功於他們針對陳述的聚焦與創意。

WHOOP 執行長告訴我，一直以來，他們常收到希望將時間資訊加在裝置上的請求，但他們始終拒絕。儘管實行上並不困難，但這同時也是原因。WHOOP 如今是同類產品中唯

──一款沒有螢幕、也不會顯示時間的先進穿戴式健康和健身追蹤裝置。

為何 WHOOP 如此堅持？因為他們相信添加螢幕會改變客戶對裝置的看法，從一款運動員專用的高階健康裝置，變成一支手錶。

換言之，**添加時間顯示等客觀上具有價值的功能，反而會降低產品的心理價值**。從心理登月技巧的角度來看，少即是多，一個字、一點微調或一個決定就可能對產品的認知價值產生極大影響。

2019 年，我建議一家大型的全球 B2B 公司禁用「銷售員」這個職稱，也停用了「銷售」一詞，以「合作夥伴」團隊取而代之。結果，回覆了電子郵件的人增加了，他們的業績也成長了 31%。

正如我所懷疑的，職稱裡含有「銷售」一詞，會讓聯絡窗口認為你會死纏爛打，要他們購買不想要的東西；反之，用「合作夥伴」來陳述，則暗示著此人是團隊裡的一員。

★ ★ ★

多年前，馬斯克向動保協會承諾：特斯拉汽車將不再使用動物皮革。這位企業家信守諾言，從特斯拉 Model 3 開始，汽車

內裝就採用奇特的「純素皮革」材料。

創造了「心理登月」一詞的廣告傳奇人物薩特蘭告訴我，特斯拉直覺地理解了心理登月技巧對價值感知的強大影響：他們不用「塑膠」這個詞來稱呼新款的汽車座椅（雖然實際上確實如此），而是熱切地堅持使用「皮革」及其隱含的奢華意涵，來維持汽車內裝的感知價值。這樣的陳述技巧正是實現心理登月力量最常見的方式之一，而且完全無需改善實際的產品或體驗。

⌜陳述技巧並非說謊或欺騙，而是深知如何透過最真實和吸引人的角度，來呈現你的產品或服務。⌟

例如，說明某種食品含有90%的瘦肉，比說它含有10%的脂肪更吸引人。兩者陳述的都是事實，但前者在心理上更明顯具吸引力。

上述例子說明了品牌、行銷，以及商業一項重要但常被遺忘的原則：**現實不過是一種感知，脈絡至上。**

★ 法則15：陳述技巧遠比內容重要

你說的話不僅僅是三言兩語，你的訊息、產品或服務存在的脈絡，決定了你傳達的內容。改變陳述方式，訊息就有所不同。客戶聽得見一切，包括你沒說出口的訊息。別只專注於自己陳述的內容，還要注意內容陳述方式將如何為你的訊息帶來正面或負面影響。

☆ "聰明的陳述技巧能夠化腐朽為神奇。

Law #16

善用金髮女孩效應

* 此法則展示了效果強大且簡單的銷售技巧，能讓販售的商品看來更具價值，且無需改變價格。

「為何他要帶我看我不感興趣的物件？」我詢問個人助理蘇菲，她正在報告隔日我與不動產經紀人克萊夫一起看房的行程。蘇菲回答：「我不曉得，他堅持你各種物件都多看看。」

克萊夫帶我看了三處物件的幾天後，我對第二個物件出價了——謝謝，克萊夫。

但故事還沒結束。數月之後，我在研究品牌和行銷人員用來影響消費者行為的心理技巧時，偶然發現了「金髮女孩效應」（Goldilocks effect）。

金髮女孩效應也是一種「定錨」（anchoring）效應。

定錨效應是一種認知偏誤，指的是個人在決策時，過度仰賴已取得的無關資訊（所謂的『錨點』）。

而金髮女孩效應則是將兩個「極端」的選擇，與你希望銷售的項目相比較，讓中間選項顯得更具吸引力或合理。

多數時候，產品的「真實」價值不外乎是參考而來，因此我們透過脈絡和定價來尋找線索，以幫助自己決策。金髮女孩效應發揮作用時，我們認定最昂貴的選擇太過奢侈；最廉價的選擇具有風險、無法滿足需求、且品質較差。因此，我們相信中間值是最佳選擇，它必定結合了其他兩者的益處，是最安全的選擇，兼顧價格與品質。

回想我和克萊夫一起看房的過程，我發現自己只要求帶看第二處物件，但他卻堅持要帶我去看三個地方。第一個物件空間太小，且售價過高；第二個物件空間寬敞，但只比第一處稍貴一些；而第三個物件雖位在同一地區，但售價高昂，而且定價似乎過高。於是，我如同克萊夫控制的傀儡，二話不說地對第二個物件出了價。

我十分好奇克萊夫是否有意操縱我，於是發了個訊息給他，詢問他是否熟悉金髮女孩效應。他先回覆我一個眨眼的笑臉貼圖，接著說：「永遠不要只向人們展示一個選擇！」

真是狡猾的傢伙。

克萊夫不是唯一利用金髮女孩效應來影響個人行為的人，品牌或企業也慣用此法。1992 年時，松下電器（Panasonic）也

利用了此種心理技巧，他們推出了售價 199.99 美元的高階微波爐，搭配自己市場上售價 179.99 美元和 109.99 美元的既有產品。結果，179.99 美元微波爐成為中價位選項，銷量飆升，讓松下取得了 60% 的市占率！

★ ★ ★

一項實驗要求受試者在巴黎全包式度假或羅馬全包式度假中二擇一。結果不出所料，巴黎勝出。

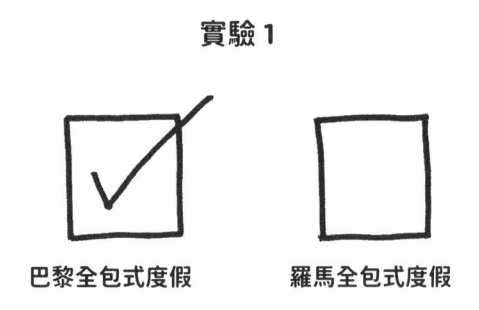

實驗 1

☑ 巴黎全包式度假　☐ 羅馬全包式度假

接著，研究人員進行第二次調查，這次加入了「羅馬全包式度假（咖啡除外）」的選項，即包含咖啡之外的所有費用。這次，羅馬全包式度假不僅比不含咖啡的方案更受歡迎，也比巴黎全包式度假更受歡迎。

實驗 2

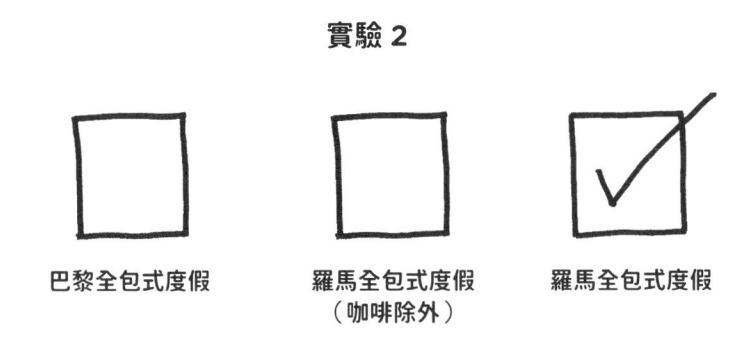

| 巴黎全包式度假 | 羅馬全包式度假（咖啡除外） | 羅馬全包式度假 ✓ |

　　大腦在可得資訊有限的情況下，會搜尋脈絡線索來判斷三個選項的價值，而「羅馬全包式度假（咖啡除外）」的選項提供了線索；這暗示了羅馬之旅費用高昂，導致廠商必須從中移除部分內容，由此可知，「羅馬全包式度假」物超所值。

　　為了讓金髮女孩效應發揮作用，品牌商通常會將中價位選項訂得比最低價格高，但遠低於最貴價格。以某家航空公司的紐約來回機票為例，經濟艙費用為 800 英鎊，商務艙 2,000 英鎊，頭等艙 8,000 英鎊。許多顧客會認為 2,000 英鎊的機票最超值，儘管事實並非如此。

　　心理登月法則中所描述的內容突顯了一項謬誤，這也影響了我們如何說故事和提供體驗：**我們相信自己是理性的——每當我告訴你，你的決定不合理時，所產生的認知失調就是證據。**因此，我們針對消費者策劃行銷活動時，也會假設他人是理性

的。所以，我們會辛苦地努力改善現實面，而不選擇走輕鬆的路，也就是利用心理技巧來扭轉消費者的心態。

> 我們的決定不是由理智驅動，而是被社會提示、非理性恐懼和生存本能所造成的不理性所影響。

優秀的行銷人員、故事講述者和品牌建立者都明白，理解和利用心理登月的力量並非惡意、不道德或不誠實的手段。平心而論，這些心理認知技巧雖然創造了操縱感知的捷徑，但你同樣也能反過來利用心理學的力量，將言語、情境、汙名或認知變成你的利器，改變人們的看法，讓世界更清楚看見你所創事物的真實美麗、價值和重要性。

在心理登月法則中，一切都是公平的。

★ 法則16：善用金髮女孩效應

人們通常會根據情境做出價值判斷，因此，提供含經濟版、標準版和高級版等各種選項在內的產品，有助於你的敘事，並影響潛在客戶對標準版產品的看法。

☆ 情境創造價值。

Law #17

讓他們試用，他們就會購買

✱ 此法則透露了讓人立即愛上產品最簡單的祕訣。

「不，史蒂文叔叔！這是我的！」我的姪女驚呼，眼裡噙滿淚水，原因是我剛剛很難為情地請她把我才送給她的聖誕禮物歸還。

在我為全家人（包含姪女和姪子在內）瘋狂包禮物的過程中，犯了一個低級錯誤：我忘記在每件禮物上先標示好收件人。因此，我無意間把姪子最愛的巴斯光年送給了姪女；而現在我正目睹姪子打開他的禮物，裡面是我姪女最喜歡的艾莎娃娃。

屋裡一片靜默，我支支吾吾，試圖彌補錯誤，但我姪女緊緊地抱著巴斯光年，瞇起眼睛，展現出堅定的決心。「但是……但是，」我結結巴巴地說，「你瞧，叔叔不小心搞錯了，巴斯其實是為你哥哥準備的！」

姪女的目光在我和她心愛的玩具之間來回掃視，屋內氣氛有些劍拔駑張，而他的哥哥感覺到眼前似乎有衝突正在上演，在

拆禮物的過程中停了下來，試圖搞清楚發生了何事。

我認輸了。

「好，妳留著吧。」我不打算與一個意志堅決且淚流滿面的三歲女孩僵持，這件事根本不值得爭執。

令我訝異的是，姪子打開了禮物後，對於自己拿到全新的艾莎娃娃，似乎也很滿意。他沒有抱怨，也沒有試圖與妹妹交換，他滿心喜愛地緊抱著娃娃，如同他妹妹緊抓著新的巴斯光年玩具一樣。兩人都很喜歡收到的禮物，但我很清楚，如果讓他們倆在玩具店自己挑選禮物，他們會選擇對方手裡的那一個。

這場聖誕禮物包裝烏龍給我上了一堂印象深刻的心理學課，也就是行為心理學家所謂的**「稟賦效應」**（endowment effect）。稟賦效應是一種認知偏誤，讓人僅因為擁有某件物品，而高估此物的價值，無論其客觀價值為何。換句話說，比起不為自己所有的類似物品，人們更喜歡他們認為自己擁有的東西。這正是品牌商無時無刻不對我們所有人施展的、強大的心理伎倆。

蘋果正是一例：每家蘋果專賣店都為顧客提供互動體驗，所有產品均公開展示實品，並供消費者試用。

此外，他們堅持店內所有裝置均接上電源、下載應用程式並連上網路，還將所有螢幕傾斜至完全相同的角度，以吸引更多潛在的體驗。他們嚴格要求員工不向顧客強迫推銷（門市客服沒有銷售佣金），也不得要求顧客離開，因此消費者可盡情試用產品。

蘋果的「一對一」解說服務，目的是讓客戶自己找到解決方案；未經客戶允許，他們不會觸碰電腦。

這聽來也許像是善意或禮貌，但我向你保證，這可是經過精心策劃的。蘋果試圖運用兩種潛意識的心理魔咒：一是〔法則11〕提過的重複曝光效應，讓消費者越頻繁接觸產品，增加對產品的喜愛；另一是稟賦效應，也就是藉由讓消費者擁有產品，提高產品的感知價值。簡單來說，重複曝光效應讓你更喜歡產品，而稟賦效應則讓你更重視它。

蘋果認為，**創造「擁有感體驗」（ownership experience）比強迫推銷更有用**。蘋果專賣店內融合了多重感官體驗，正是在體現這一點。

擁有感體驗的影響如此之大，使得伊利諾伊州總檢察長辦公室在 2003 年時，向為了聖誕假期購物的消費者發出警告，提醒他們購物時要小心拿取產品，別將產品當成自己的所有物。

雖然這警告聽來有些奇怪，但背後可是獲得了三十年研究作為支持。

威斯康辛大學（University of Wisconsin）於2009年進行了一項研究，受試的兩組學生被要求評估兩項產品的價值：彈簧狗玩具和馬克杯。第一項實驗中，一組學生被允許觸摸這些物品，另一組則不能。下一個實驗中，一組人被允許想像他們擁有物品，另一組則不然。非比尋常的是，**觸摸或甚至只是想像自己擁有這些物品，都有助於增加受試者對物品的評價。**

蘋果讓顧客毫無時間限制地在店內停留和把玩商品，此種策略顯然經過深思熟慮：根據進一步的研究發現，顧客體驗產品的時間越長，購買的意願就越大。

美國玩偶品牌熊熊工作室（Build-A-Bear）在全球擁有四百多家分店，致力於提供引人入勝的多重感官互動體驗。小朋友在店內可以選擇、設計並參與製作自己的絨毛玩偶。雖然熊熊工作室自稱「工作室」，但每隻玩偶熊上方都掛著標語，試圖發揮重複曝光和稟賦效應的力量，鼓勵孩子觸摸小熊：**為我打扮、給我擁抱、聽我說話、幫我裝填棉花、選我！**

1984 年的一項研究進一步證實了擁有感的影響，研究人員贈送受試者一張彩券或兩美元。後來，每位受試者都有機會用彩券換錢或用錢換彩券。結果，只有少數人願意交換。

　　現實世界的情況如何呢？杜克大學的丹・艾瑞利（Dan Ariely）和齊夫・卡爾蒙（Ziv Carmon）研究了日常生活中的稟賦效應。杜克大學最受歡迎的運動是籃球，但球場的空間不足以容納所有想觀賽的人。於是，杜克大學建立了隨機的抽籤系統來分發各場比賽的門票。

　　關鍵在於，卡爾蒙和艾瑞利在美國大學籃球錦標賽「瘋狂三月」的最後一輪賽事進行了實驗，當時門票的需求高於平時。兩名經濟學家訪調的學生此時都在校園內耐心等待，以便參加抽籤。

　　抽籤結束後，抽中門票的人被問及若有人想買他們的票，他們願意以多少價格出售？而沒抽中的人則是被問及，他們願意花多少錢買票？

　　平均而言，沒票的人表示，他們最多願意支付 175 美元；而抽到票的人則表示，他們不會以低於 2,400 美元的價格出售自己的票！由此可見，有票的人對門票的估價幾乎是沒票的人的近 14 倍。

籃球聯賽門票實驗

抽到票的人 $2,400 多少錢你願意賣？

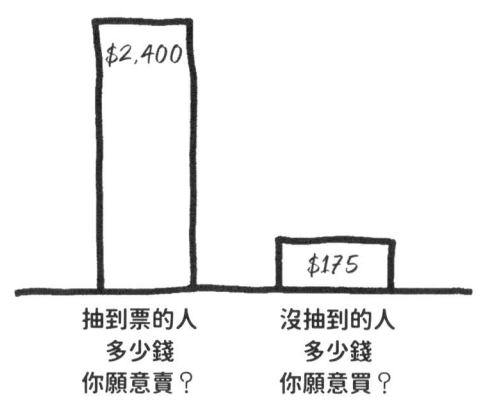

沒抽到的人 $175 多少錢你願意買？

★ 為何我們的占有欲這麼強？

占有欲可追溯至數千年前的人類歷史，而且至今在部分靈長類近親中仍可觀察到這樣的行為。

2004年，兩名經濟學家用黑猩猩、果汁冰棒和管裝堅果醬進行了一項實驗。這兩種食物經過精心挑選，無法吃得太快，而且又能保存得夠久，用以進行交換。有選擇時，58%的黑猩猩更喜歡堅果醬，而不是冰棒。結果不出所料，拿到堅果醬的黑猩猩中，近79%選擇不換成冰棒；但拿到冰棒的黑猩猩中，58%拒絕換成堅果醬。

經濟學家得出的結論是，稟賦效應也許在人類演化早期就已根深柢固。但為何早期人類如此保護所有物，不願意交換或為

尚未擁有的東西付出代價？答案似乎與交易風險有關，尤其是如果對方行事不公的話，更是一大嚴重威脅。**我們的祖先沒有能保證交易條件確實執行的方法，因此降低了願意支付的代價（交易價值），以避免最終一無所獲或不如預期的風險。**

★ 法則17：讓他們試用，他們就會購買

對銷售人員、行銷人員和品牌來說，將產品交到客戶手中仍是強大無比的工具。下次，若你想讓別人喜愛某件產品，並心甘情願地掏出腰包，別只是一昧吹捧產品的好處，利用稟賦效應的力量，借鑒蘋果公司的作法：讓客人觸碰、把玩、試駕和試用商品。如此一來，他們也許會像我姪女一樣，不想把它還回去了。

☆「擁有感」
讓尋常之物變得特別。

Law #18

把握開頭五秒

> ＊ 此法則證明了在行銷、商業或銷售上，為何成敗往往取決於開頭五秒。若能掌握這五秒，你就會成功；若失了先機，就會失敗。

【十秒的尷尬沉默，嚴肅地盯著觀眾。】

「『這正是你被開除學籍的原因；你無法堅持任何你不相信的事，而且總是自認懂得更多。除非你回去念大學，否則別打電話給我或其他家人！』語畢，我母親就掛了電話。」

上述這段話是我從 2015 年到 2020 年，在全球各地三百多場演說的開場白。這是我打電話告訴家母我要退學開公司那天，母親激動之下對我說的話。

我沒有自我介紹，沒有說出我的名字或我代表的公司。我心知，最初的五秒鐘，**觀眾的習慣化過濾器要麼會開始聚焦，給予我關注；要麼對我習以為常，開始充耳不聞，將注意力轉移他處。正因如此，無論任何故事，成敗關鍵都在於開場前五秒。**

如前述，我的行銷公司從未有過對外的業務團隊，但我們卻吸引了全球首屈一指的大品牌成為客戶，包含亞馬遜、蘋果、

三星和可口可樂等，並創下了九位數的營收。

若要將我們的成就歸功於一點，〔法則 10〕提到的藍色滑梯固然功不可沒，但最重要的，無疑是我們講述了最引人入勝且意想不到的動聽故事。我從未「推銷」，從未用圖表、統計資料或數據來轟炸觀眾。我的每場演說，從開頭、進行到結束，都是有如《哈利波特》般精彩的故事，而不是銷售簡報。

我與多數人相同，感到無聊時，注意力非常短暫，所以我上課時睡覺、翹課、出勤只有 31%，因此被學校開除。後來，我上了大學，第一堂課就睡著，第二天就退學，再也沒有回去過。我想，正因如此，我始終明白說一個引人入勝的故事多麼重要——若有人長時間用單調的聲音對我說話，很快就會讓我的大腦進入睡眠模式。

但不知為何，多數在臺上講述的故事仍無趣得緊。創作者歷經數年嘔心瀝血打造作品後，幾乎無可避免地陷入自我妄想的泡沫，開始認為自己的創作如此具革命性、迷人且重要，應該獲得全世界的關注。

從這種扭曲、自我陶醉的角度來看，創作者在向世界講述他們的故事時，也許很容易陷入最常見且最危險的陷阱，就是認為觀眾和他們一樣在乎他們，以及他們的產品、辛苦和「創新」。發生此種情況時，這些人說的故事就會變得冗長枯燥。

反之，當說故事的人明白絕對沒有人像他們一樣在乎自己時

（無人在意他們的牙膏是否更清新、他們的行銷是否更大膽，或他們的服裝是否更合身），便能講述引人入勝、絲絲入扣的動聽故事，讓人不得不全神貫注於他們所說的每字每句。

若你不熟悉 MrBeast（野獸先生）是誰的話，他可說是全球最知名的 YouTuber：截至本文撰寫時，他擁有了超過 1.5 億的訂閱者，影片觀看次數高達 300 億，據聞他每年的影片收入高達數億美元。最近，他也宣布自己將成為首位億萬富翁 YouTuber──我不疑有他。

他如何辦到？用 MrBeast 自己的話來說，每則影片的前幾秒鐘最為重要。所以，**他製作的每則影片開頭前五秒，都會丟出他所謂的「引子」（hook），也就是一個明確有力的承諾，說明你為何應該觀看這個繞過大腦習慣化過濾器、讓你大感驚奇的影片**。此舉可防止觀眾失去興趣、退出離開。

他指出，你不該從其他事情開始；你不該自我介紹、「過度解釋任何事」，甚至不該有大多影片創作者經常使用的輔助畫面（B-roll）素材和音樂。基本上，他就是在觀眾面前大喊一個引人注目的承諾，讓觀眾的注意力維持夠長時間，足以讓他兌現那個承諾。下列是他影片前五秒的部分範例：

・影片一的前五秒：

我在現實生活中重現了《魷魚遊戲》（Squid Game）每個

場景，這456名參賽者中，活得最久的人就能贏得45.6萬美元！（3.5億次觀看）

・影片二的前五秒：

我將100個人放進一個巨大的圓圈內，誰最後離開，就能獲得50萬美元獎金！（2.5億次觀看）

・影片三的前五秒：

我花了250萬美元買下了這架私人飛機，並要求11名參賽者把手放在上面。誰最後把手從飛機上拿開，誰就能贏得這架私人飛機！（1億次觀看）

過去十年來，我最為人所知的，就是經常對人覆述一個假設情境。每當我碰到不幸自視過高的行銷團隊，對方似乎過於高估外界對他們的重視程度時，我都會這麼說：

假設你試圖接觸一名客戶，名叫「珍妮」。試想她經歷了漫長的失眠和與丈夫的爭吵之後，剛離開家去上班。該死的！她的車爆胎了，而且還拋錨在傾盆大雨的高速公路上。她現在上班要遲到了，又氣又累，而且時間緊迫。她在路邊拿出手機，準備撥打道路救援電話，最先映入眼簾的就是你的行銷訊息、廣告或內容。在那一刻，你會對她說什麼，讓她注意到你？或

讓她點選？甚至讓她下單？無論那個訊息為何，那就是你要對所有客戶說的話——若你能在那種情況下吸引路邊的珍妮注意，你就能吸引到所有人。

思索敘事方式時，請先迎合最不感興趣的客戶。也許你已經注意到了，本書每條法則都以簡潔有力的五秒說明作為開頭，闡述你為何應該進一步閱讀內容。我曉得，各位當中，多數人也許只會選擇性地翻閱，但是，透過每條法則前五秒所做出的動人承諾，我想各篇的留存率至少可望增加 25%。

在商業中，尤其是具複利報酬的領域，25% 的增幅可使情況徹底改觀。以我上臺進行 300 場演講為例，詢價若增加 25%，意味著十年內也許會有數億美元的進帳——而這一切，只在於把握開頭五秒。

★ 別再侮辱金魚了！

「你的專注力簡直跟金魚沒兩樣！」

這句話一直被用來嘲笑注意力不集中的人，但假若最近的研究無誤，這說不定還是種讚美。

微軟 2015 年主持的一項研究中，加拿大研究人員監測了 2000 名受試者的腦電圖活動。研究顯示，過去十五年來，現代人專注力從平均 12 秒下滑至僅 8 秒。而同篇文章也指出，

金魚的注意力平均為 9 秒：比人類整整多了一秒！因此，如果有人將你的專注力比作金魚，你也許還得向對方道聲謝。

> 現代人注意力日益分散。平均來說，辦公室員工每週拿起手機的次數超過 1,500 次，相當於每天 3 小時 16 分鐘，而且每小時查看電子郵件收件匣多達 30 次。

網頁瀏覽時間平均僅持續 10 秒左右，英國通訊監理機關通訊管理局（Ofcom）在 2018 年 8 月的報告指出，一般人在清醒期間，幾乎每 10 分鐘就會查看一次智慧型手機。

我採訪了暢銷書《誰偷走了你的專注力？》（Stolen Focus）的作者約翰・海利（Johann Hari），該書主要在闡述現代人注意力日漸下滑的問題。他表示：

「我最終環遊世界，採訪了全球 250 位注意力和專注力領域的頂尖專家，從莫斯科到邁阿密；從注意力格外嚴重崩壞的里約熱內盧貧民窟，到紐西蘭的辦事處。我們面臨著一場真正的危機，現代人注意力確實日益短暫。生活型態的轉變戕害著個人的專注力。我們有一種致病的注意力文化，使得所有人都難以做到並維持深度專注。這就是閱讀等需要高度專注的活動在過去二十年裡驟減的原因。」

過去十年，我製作了數千則影片，觀眾續看率反映出了可預見且令人氣餒的情況：不論哪個社群平臺，只要長度五分鐘以上的影片，幾乎在開頭幾秒內就會失去 40% 至 60% 的觀眾。

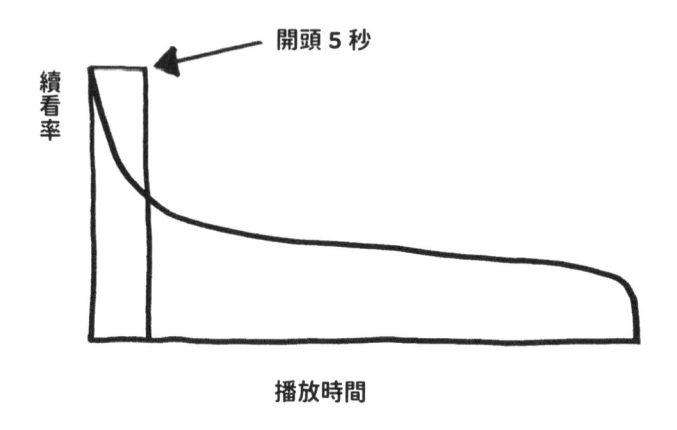

這證明了關鍵的前五秒決定了後續每分每秒的命運。同理，不論是社群媒體內容、演說、影片或任何試圖爭取你注意力的媒體都是如此。

五年前，我的行銷公司接下了一項行銷宣傳活動，有一段兩分半的搞笑影片，製作成本高達數十萬美元，而我們的任務就是確保它被人看見。

客戶將要發布的影片傳給我們，最初我們建議重新剪輯，讓開頭五秒更引人注意，因為原本的影片，前五秒是用定場鏡頭

（呈現完整空間地點的遠景鏡頭）呈現一個滿是品牌標誌的地點，但客戶指示我們照原影片發布分享。我們將影片放上高度互動的各大社群媒體平臺，結果令人大失所望。

客戶詢問我們為何影片反應不佳，我們據實以告：開頭五秒毀了整段影片，並再次提議重新剪輯前五秒。我們向他們保證，這五秒將扭轉後續兩分半鐘的影片命運。

謝天謝地，客戶答應了。重剪後的影片迅速走紅，短短七天，我們社群媒體通路上的觀看數就超過了三百萬次。小幅修改前五秒，使得續看超過十秒的人成長了150%，而且觀眾也持續觀看夠長時間、甚至參與互動（足以使演算法分享影片），並直接分享至自己的動態頁面。

★ 法則18：把握開頭五秒

我可以提供成千上百個客戶的個案研究，來證明開頭五秒是任何優秀故事的成敗關鍵。若你想讓自己的故事被聽見，就必須積極、熱情且充滿挑釁地設計開頭五秒，讓故事令人嘆為觀止、惱人卻著迷，或打動人心。拋開溫馨的開場、寒暄和音樂背景花絮，趕緊道出最引人注目的承諾、重點或挑釁。無論透過哪種媒介，你都必須在最初五秒搶得先機。

☆ 注意力
是人所能給予的
最大禮物。

支柱

3

確立人生哲學

THE PHILOSOPHY

Law #19

務必從小處下功夫

> ✱ 此法則揭露了每個偉人的企業家、運動員和教練直覺通曉的道理：成功取決於對細節的態度，也就是多數人不重視、忽略或不在乎的事。做大事最簡單的方法，就是著重小節。

根據蘋果 2023 年的年終排名，我的播客「執行長日記」是英國下載次數最高的節目；而且在美國 Spotify 商業播客節目排行榜上也名列第一；一月在 YouTube 上新增了 32 萬名訂閱者，首度超越了網路最紅的播客主持人喬‧羅根同月新增的訂閱人數。

比起諸多同行，我的節目相對較新。我們兩年多前才開始每週以影片形式製作播客節目。

其實，我不相信節目如此成功的功勞在我個人；我不認為自己是更會提問的主持人，或我們的剪輯比別人出色，甚至也不覺得我們邀請了世上最有名的嘉賓。

我之所以這麼說，並不是因為我們在這些方面表現不好，但總有其他人更為傑出。

> 依我之見，祕訣在於我們比我遇到的任何團隊都更注重細節。我們執著於成千上萬的小細節，大多數人也許會認為這些微不足道、太愚蠢或浪費時間。

舉幾個例子：我們會在來賓上節目前，先研究他們喜歡的音樂，並在他們抵達時，作為背景音樂輕聲播放，雖然從未有來賓提及，但我們相信這有助於他們放鬆心情；我們還研究了訪談時的最佳室溫，維持最舒適的溫度；我們會在每集節目公開發布前幾週，先用人工智慧和社群媒體廣告對節目標題、縮圖和宣傳進行 AB 測試；我們甚至聘請了一名全職的內部數據科學家，請他開發人工智慧工具，將節目翻譯成多國語言。因此，如果你在法國點選 YouTube 版的節目，我和來賓說話時，都會自動翻譯成法語；我們建立了由數據驅動的模型，來告訴我們應該邀請哪些來賓、來賓先前討論過迴響最好的主題、訪談最佳的時間長度，甚至還有節目標題應該要用多少字。

我們的成功無法歸因於某一特定的強項，但可歸功於我們持續不懈地關注細節。尋找細部、看似瑣細的改進方法已成為我們的信仰。不僅如此，我名下所有公司都同樣一絲不苟地實踐著相同理念，這也是世上最創新、成長最快且最顛覆的品牌所共有的特徵。

⭐ 持續改善的哲學

通用汽車（General Motors，GM）過去 77 年來歷經起伏，始終領先群雄，每年汽車銷量均位居全球之首。但近年來，豐田（Toyota）藉由獨特方法來打造汽車、公司和企業文化，逐漸取代了通用的全球領導地位。2022 年，豐田連續第二年成為全球銷量最高的汽車製造商，年成長率高達 9.2%，進一步拉大了與居次的對手福斯汽車（Volkswagen）的差距，兩者銷量相差近 200 萬輛，而前一年差距僅為 25 萬輛。

豐田成功的核心在於「豐田生產系統」（Toyota Production System）。此系統於二戰後日本重建時期開發，當時日本國內面臨資金和設備短缺的問題。為了因應挑戰，豐田的工程師大野耐一建立了一套哲學，讓公司能充分發揮所有零組件、機器和人員的最大潛力。

豐田管理哲學的祕密在於日文稱為「kaizen」的原則，意指**「持續改善」**。在「持續改善」的哲學中，創新被視為漸進式的過程；**不是要取得巨大的躍進，而是在日常生活中觸手可及之處，從小處下功夫來改善細節。**

> 『持續改善』哲學強烈反對由公司少數高層負責創新，並堅持創新必須是各級員工的日常工作和關心的重點。

據報導，由於持續改善哲學，豐田每年實施的新構想高達一百萬個，數量驚人，其中大部分建議來自工廠的一般人員。值得注意的是，據說豐田美國廠收到的員工建議比日本廠少一百倍。

這些建議通常十分瑣碎，像是加大水瓶容量，更方便員工補充水分；降低層架高度，方便拿取工具；或是將安全警告的字體放大，以減少事故。這樣的意見聽來或許毫不起眼，但持續改善哲學認為，從最小處改進能積沙成塔，持續推動企業進步，並領先於那些不在意細節的競爭對手。

持續改善哲學指出，你必須先確立標準，並確保人人都達到標準；接著，要求大家找到改善標準的方法，然後不斷重複這個循環。

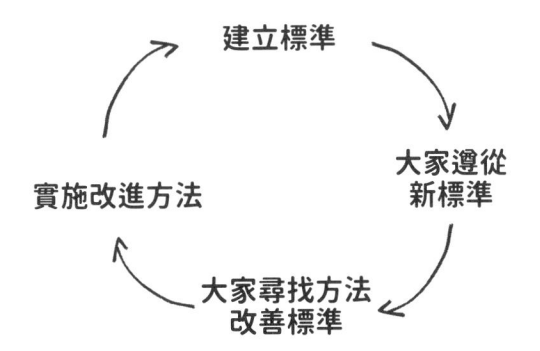

建立標準 → 大家遵從新標準 → 大家尋找方法改善標準 → 實施改進方法 → （循環）

★ 持續改善哲學如何顛覆傳統

豐田是日本最成功的企業之一，許多人認為它的成功應該歸功於「日本」文化、薪酬動態或員工態度。但從過往歷史看來，卻不盡然。

1980年代初，雷根總統任內，大量進口車湧入美國市場，使得美日的緊張關係加劇。美國工業一直苦苦掙扎，其中加州佛利蒙（Fremont）的通用汽車廠正是工業生產不振的典型案例。就品質和生產力而言，佛利蒙廠是通用迄今表現最差的裝配廠：佛利蒙廠組裝車輛的平均時間比他廠長了許多，而且成品的缺陷率也高達二位數。

員工停車場幾乎不見佛利蒙廠製造的車輛，清楚顯示了人員缺乏榮譽感和信心。佛利蒙廠積壓了約五千份工會申訴，而且美國聯合汽車工會（United Auto Workers）發起了多次罷工和「託病曠工」活動；勞動條件惡劣且難以長久。

每次輪班的缺勤率都超過20%，需要大量臨時工來補足。而且，每次輪班結束後還要雇用專門的清潔人員來清理員工停車場的酒瓶和吸毒用具。

通用汽車認為佛利蒙廠已無力回天，於是在二月關閉了廠房，並解雇了全部員工。

豐田發現了化解衝突的契機，可望能解決美日擴大的貿易摩擦，還能在競爭對手的地盤上測試持續改善哲學。1983年，豐田向通用汽車提出了合資公司的想法，重啟佛利蒙廠，並將其更名為新聯合汽車製造公司（NUMMI），以生產豐田Corolla和雪佛蘭Prizm為主要產品。

豐田不僅願意注資，還負責監督工廠順利運作。儘管佛利蒙廠一年前一敗塗地，他們甚至同意重新雇用原本的員工，使用原本的工會、設施和設備。

前豐田董事長豐田英二認為，這是豐田在北美全資設廠必要的第一步，同時也是測試豐田生產系統可行性和可轉移性的理想方式。

豐田公司重新雇用了佛利蒙工會近90%的時薪人員，並實施了「不裁員政策」，防止任何人被解僱。他們將450名班長和組長送往豐田市，接受公司獨特、受持續改善哲學啟發的「豐田生產系統」培訓，斥資三百多萬美元。根據豐田的理念，工人對於工廠運作擁有強大的發言權，員工舊有、長長一串的工作說明被四字取代：「團隊成員」。管理層級也加以精簡，從原本的十四級減少至三級：廠長、組長（group leader）、班長（team leader）。

奇蹟似的，從前因希望幻滅而與雇主對立的員工，開始參與工作相關決策。他們接受了問題解決和改善作法的培訓，真正

成為了本身領域的專家。他們的工作範疇也徹底改變：不單是做好自己的本分，還要主動思考和改進。

團隊成員有權快速實施改進的想法，只要有效，就會被視為最佳作法而加以複製。工廠內各處都可觸及安燈繩，任何團隊成員一旦發現異樣，可隨時拉繩暫停整條產線，以解決問題。

新聯合汽車製造公司自1985年開始運作，一年內就成為通用汽車集團全球品質和生產力最高的工廠。

以前平均每輛車有十二處瑕疵，現在僅有一處，而車輛裝配時間則是以前不滿員工所需的一半。任何時候，員工缺勤率都只有3%，反映出員工滿意度和參與度大幅上升。營運創新也表現不俗：員工參與新想法的比例超過90%，管理階層也創下實施近萬個新想法的記錄。

到了1988年，新聯合汽車製造公司屢獲殊榮；1990年時，豐田生產系統及持續改善哲學儼然成為全球製造業標準。這一切都在不到兩年的時間內實現，**廠房、人員和設備毫無變化，唯有採用了新的理念，結果便天差地遠。**

★ 1%足以改變你的未來

人們往往誤以為小事微不足道，這種錯誤認知使得循序漸進的改善哲學在生活和事業經營上不受青睞，也受到輕忽。

客觀來說，小事或許真的微不足道，但是小事累積下來就成了大事；而且，小事通常更簡單、更易涵蓋所有團隊成員，因此，比起激勵人員尋找和改善大問題，改進大量的小事更易實現、也更可行。

遺憾的是，**容易做的事也很容易不做**。例如，省一塊錢很容易，所以也很容易就不省那一塊錢；刷牙很容易，所以也很容易就不刷牙了。當事情容易做或不做時，做不做的後果短期內隱而未顯，所以我們通常選擇不做。但數學和經濟學均清楚顯示，那些最小的決定對我們未來的影響有多大。

長期下來，讓事情每天惡化 1% 與每天改善 1% 之間的差異將變得異常顯著。試想下例：

年	年初	年終：每天改善1%	年終：每天惡化1%
1	£100	£3,778	£2.55179644522911000000
2	£3,778	£142,759	£0.0651166509788394000
3	£142,759	£5,393,917	£0.0016616443849302700
4	£5,393,917	£203,800,724	£0.0000424017823469998
5	£203,800,724	£7,700,291,275	£0.0000010820071746445
6	£7,700,291,275	£290,943,449,735	£0.0000000276106206197
7	£290,943,449,735	£10,992,842,727,652	£0.0000000007045668355
8	£10,992,842,727,652	£415,347,351,332,000	£0.0000000000179791115
9	£415,347,351,332,000	£15,693,249,374,391,300	£0.0000000000004587903
10	£15,693,249,374,391,300	£592,944,857,206,937,000	£0.0000000000000117074

若你一年之初有 100 英鎊，並設法在未來的 365 天裡，每天增加 1% 的價值，到年底時，原本的價值將成長 37 倍。十年內，假設天天以同樣 1% 的成長率進行增值，最初的價值將暴漲至 15,000 兆英鎊！

反之，若讓這 100 英鎊每天貶值 1%，一年後，你的錢很快就只剩下 2.55 英鎊，兩年後減少至 6 便士，此後便一無所有。

每天改善 1% v.s 每天惡化 1%

■ 年終：每天改善 1%　　■ 年終：每天惡化 1%

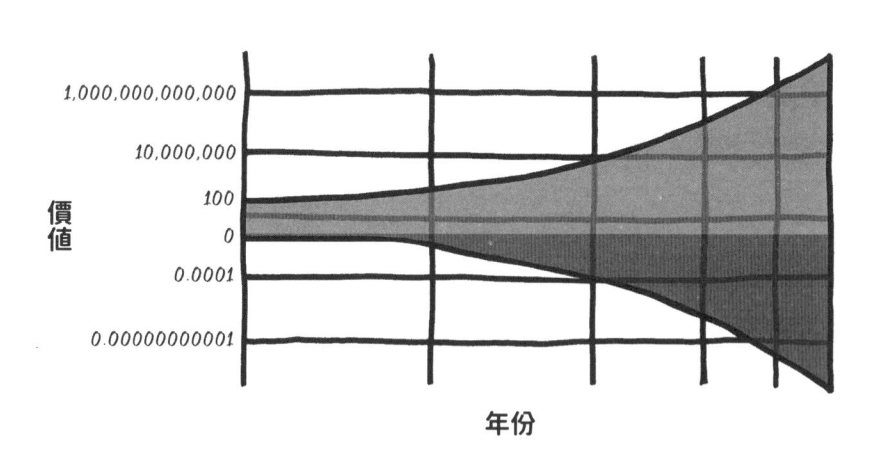

今天不刷牙，不會有明顯影響；連續一週每天不刷牙，口腔可能會產生輕微異味，但不會有嚴重後果；若你連續五年每天不刷牙，等到牙醫要拔你的臼齒時，你就只能躺在診療椅上尖

叫了。但這個蛀牙的問題源自何時？它始於今日的你忽略那件容易做卻不做的事。

對豐田來說，「持續改善」的文化並非一蹴而就。豐田花了二十年，才使每人每年提出兩個建議成為整體企業標準。

> 『持續改善』哲學需要時間、投資和堅定的信念。

★ 增進有用建議的祕訣

企業的員工意見箱可說是隨處可見——頂端有個小開口等著接收員工意見、一把掛鎖，整體看上去有些疏於照管。儘管公司設置員工意見箱是出於好意，但立意良好不見得能帶來任何有意義的結果，通常由於兩個因素：一是以豐田的標準來看，許多「建議」往往不符合所謂的「創新想法」，而是匿名投訴、毫無建設性的批評，或對公司營運的消極抵抗；再者：少數積極的建議要不從未付諸實行，要不就是因為不切實際而根本無法實施。**員工的抱怨和管理層的不作為，兩者致命的結合導致了信任被破壞，意見箱也形同虛設。**

如此說來，日本公司的提案（teian）制度有何不同？為何其他系統失敗了，但提案制度卻成功了？他們的員工難道更聰明

或睿智？難道他們的主管更懂得在無用的建議中尋找有用的見解？還是跟日本文化有關？答案其實簡單得多，而且無關乎任何國族文化。

答案在於所謂的「想法指導教練」（idea coach）身上，任何公司都可以善用這一點。豐田被問及他們為何能接受提案系統中99%的想法時，日本國內的公共關係經理羅恩・海格（Ron Haigh）給了一個值得注意的答案。

羅恩解釋，豐田的主管會一對一地與員工一同檢視提議，給予方向和支持，指導他們如何讓想法更可行、完善且有效，並幫助員工實現構想。這與多數西方企業的意見系統大相徑庭。在西方，收到建議的經理只會回覆「好」（或許更常見的是「不好」），然後說明為何員工的想法「永遠行不通」。

在持續改善的制度下，主管就是你的想法指導教練。當然，提案仍是員工的想法，但主管擁有更豐富的經驗和知識，與主管合作可以幫助員工理解實現想法的可能性和挑戰。如此一來，99%的想法不僅會被接受，還能獲得有效的開發，以確保它們能真正實施並帶來價值。

豐田所有員工都被要求每月至少提出一個想法，這也是個人職務的重點工作之一。主管也被要求確保所有團隊成員每月至少成功提出一個想法。此舉讓所有人都朝著同一方向努力，推動新構想的實現能符合每個人的最大利益。

教練也有教練，各主管之上都有一位教練。主管的教練有獎勵誘因，能幫助主管們每月提出夠多的新想法。透過此種方式，全公司從上到下，大家都受到積極鼓勵，去傾聽新建議，使其更完善，並提供支援。

　　最重要的是，<u>負責實施想法的人必須是最初提案的人</u>。可以想見，這項原則會如何影響人們提出的意見類型，批評不能算是一種想法；例如，「我討厭辦公室的音樂」不能成為建議，根據此原則，所有建議都必須實用、具建設性，且專注於解決問題。

　　最後，豐田全體員工都接受了關於持續改善哲學、豐田生產系統和想法提案流程的教育訓練。在西方，少有企業會費心教育內部團隊漸進式增長的哲學、如何正確提出建議，以及管理哲學背後的理念。

★ 千萬別為了建議付錢

　　公司對待員工往往就像對待迷宮中追尋乳酪的小鼠一般，常以現金獎勵來強化他們期許的行為，這是一種便宜行事、成效低、短視近利且昂貴的方法。相較之下，打造企業文化雖然更困難，但卻更有效且經濟，能讓員工關心公司，激勵員工積極參與並獲得肯定，進而更自發地為公司的進步貢獻一己之力。

根據持續改善哲學，公司需要人員隨時提出大量的想法，長久下來才能取得重大的進展。而**為了獲得大量的想法，人們必須受到自身好奇心、動力和關懷所驅動**。下列的知名寓言正好說明這項道理：

從前，有一位獨居的老婦人。每天下午，她的寧靜生活都會被外面街上嬉戲的孩子們擾亂。久而久之，孩子們越來越吵鬧，老婦人也越來越生氣。有一天，她靈機一動，把孩子們叫來，和藹可親地向他們解釋，聽到他們在外面快樂玩耍，是她一天之中最開心的時刻，但有一個問題：她年事已高，而且生活長年與世隔絕，所以她的聽力越來越差。於是，她問道，他們是否願意為了她製造更多喧鬧聲？她甚至進一步提議給每個人 25 美分，以酬謝他們的辛勞。

第二天，孩子們興致勃勃地回來，按她的要求在屋外大吵大鬧；然後，老婦人付給每個人 25 美分，並要他們第二天再來。但隔日，老婦人只付給他們 20 美分，再過一天只剩下 15 美分！這位可憐的老婦人解釋，她的錢快用完了，從現在起，他們的酬勞會減到每天 5 分錢。孩子們對於自己的收入只有幾天前的五分之一大感震驚，便怒氣沖沖地離開，並發誓再也不回來了。他們說，每天只有 5 分錢，根本不值得努力。

老婦人的妙計是讓孩子們對原本無償且喜愛做的事失去樂

趣。然而，這當中更重要且顯見的道理是：**真正的動機可能會被假造的動機取代，又稱為「動機排擠」現象**（motivation crowding）。倘若你用金錢獎勵來鼓勵想法提案，也許會妨礙甚至消除人們真正的創造力和抱負。

這不僅僅是一則寓言；還是科學。我採訪了動機專家暨作家丹尼爾‧品克（Daniel Pink），試圖了解經濟獎勵對動機的影響。他分享的大量研究均顯示，付錢請某人從事他們為興趣所做的事，會剝奪他們原本的樂趣。當愛好變成工作，動機就會下降。

倫敦政經學院學者研究了 51 項關於績效獎勵計劃的研究，並表示：「我們發現，財務獎勵確實可能會降低內在動機，並削弱遵循職場社會規範（如公平）的道德或其他動機。因此，提供財務獎勵也許會為整體績效帶來負面影響。」

★ 創新的迷思

創新常被描繪成奇蹟般的事件，唯有出自少數天才之手或意外好運才會發生。燈泡、魔鬼氈、青黴素和便利貼，都幫助散播了此種誤解。

人們在傳述這些新發明的故事時，往往忽略了創新突破背後辛苦、漸進的過程，而只強調最終的結果。

> 別讓迷思騙了你——真正的創新幾乎總源自個人的努力不懈和偉大團隊的汗水和決心，兩者透過優良的文化和理念凝聚，而不是靠靈光乍現、偶然的幸運或天才的謀劃。

我所創立的公司能在業界達到首屈一指的地位，靠的並非單一項決定、發明或創新。**我最關心的重點，始終是要求團隊「比競爭對手更小心仔細」**。我們的公司文化奠基於正面的嘉許、共享成功和實際的行動證明，這也不斷向我們所有人表明，最微小、簡單且容易做的事往往能產生最大的影響。

「1%」是我在公司內最常重複的重點，身為執行長，我的主要職責之一就是辨識並鼓勵 1% 的進步，無論它們出現在公司何處。

★ 法則19：務必從小處下功夫

我常覺得自己偷偷藏了一手。競爭對手往往認為，貫徹始終或大勝是拔得頭籌的途徑；但我深信不疑的正確方法是，持續不斷地做出微小的改進、從小處下功夫，取得漸進的進步。

☆ 若你不在意細節，
就無法有良好表現。
出色的成果
是由成千數百的細節
累積而成。
最成功的人，
向來都從小處下功夫。

Law #20

今日的小疏忽 也許是明日的大患

> ✱ 此法則說明為何許多人最終在關係和工作中迷失，原因正是他們忽略了生活中一個簡單、長遠的原則。

多數人被問及老虎・伍茲（Tiger Woods）如何成為有史以來最偉大的高爾夫球手時，都會滔滔不絕地說出眾所周知的相同事實：他是天才神童，兩歲時就已展現天賦；他畢生都努力訓練，最為人所知的還有花大量時間觀看影片，分析自己的表現；他的父親稱其為「天選之人」，並對他的潛力深信不疑。

但是，真正了解伍茲的人會告訴你，他的成就歸功於他的持續改善哲學──他執著、持之以恆的細微改善。

1997年，美國名人賽結束，伍茲轉為職業球員僅七個月後，他告訴教練布奇・哈蒙（Butch Harmon），他想重新調整自己的揮桿，基本上等於從頭開始重建整體揮桿動作。哈蒙警告伍茲，重建動作沒有捷徑可走，將是一條漫漫長路，而且在看到任何進步之前，他的比賽表現也許會一落千丈。

友人、其他選手和專家都同意哈蒙的意見，但伍茲知道自

己的揮桿可以再進步一些。所以，他忽略了他們的建議。他將重建自己的揮桿動作視為逐步改進的機會，而不是對比賽的威脅。於是，他抓住了這個機會，開始他的改善之旅。

伍茲直接受到豐田追求完美的啟發，開始談論持續改善哲學，彷彿這是他的信仰。他和教練繼續建立自己的改善流程：反覆打練習球；檢視他的揮桿影片，尋找改進之處；在健身房和球場上執行任何改進方法。然後，重複進行此過程。

一如伍茲的教練所預測，這是一段漫長的歷程。伍茲不再獲勝——事實上，他已經十八個月沒贏過任何比賽。球評開始說，伍茲的職業生涯已經結束。但伍茲和他的教練堅信，這些細微改進的成果得經過一段時間才會顯現。他告訴批評者：「獲勝不代表有所進步。」

終於，伍茲持續改善的精神終於獲得回報。他的新揮桿成了致命武器：比以往更精準、毫無偏差、而且更靈活。自1999年底，伍茲創下了六連勝的記錄。從那時起，老虎‧伍茲成為歷來公認最偉大的高爾夫選手之一，共贏得了82場美國職業高爾夫巡迴賽（PGA Tour），創下無人能及的成績。

> 伍茲證明了，追求完美關乎紀律，而不是英雄表現。

查爾斯・達爾文（Charles Darwin）的進化論和「適者生存」理論認為，生物若無法進行細微的調適，可能會面臨絕種的風險；反之，進行微小變異，也許會帶來生存優勢。此種想法正好與持續改善哲學形成類比。

如達爾文主張，個人的成功不會取決於單一的天才之舉；相反地，成功是一種副產品，源自於長期促進生物各方面逐步演化、變異和適應的理念。

航空界有項原則名為「六十分之一規則」（1 in 60 rule），係指飛機偏航 1 度，將導致每飛行 60 英里就偏離最終目的地 1 英里。此概念也適用於生活、事業、關係和個人成長等各層面。**只要偏離最佳路線一點點，隨著時間和距離增加，誤差也會放大。你現在認為的小疏忽，以後也許會造成大差錯。**

上述思維也突顯了持續改善哲學的重要性，它有助於我們即時修正和調整方向。想要獲得成功，我們都需要簡單的儀式來評估前進的方向，盡可能在生活的方方面面隨時進行必要的細部調整。

知名關係心理學家約翰・高特曼（John Gottman）經過數十年研究，歸納出關係中存在「蔑視」（contempt）是離婚最大的預測因子。蔑視是對伴侶存在小小的不尊重和漠視，猶如飛機偏離航線 1 度，關係中的傷害會隨時間慢慢累積，導致溝通不善或不頻繁，因而難以解決兩人間的衝突。

基於這樣的想法，我也與伴侶建立起關係中最重要的一項改善儀式：每週定期與伴侶溝通。我們會坐下、開誠布公地討論問題，尋找任何細微的改進方式，來協調和處理未解決的大小問題。

在我們最近一次的溝通時，她提到，我在工作時被打擾的話，會回答「抱歉，我在忙」，聽來有些強硬和不耐煩。我無意之中的直截了當讓她有種被拒絕的感受，所以，她問我能否在回應她時加一句溫柔的話來軟化語氣。

現在，我不再聽來像個脾氣暴躁的工作狂，而是說：「抱歉，親愛的，我正在忙。」一句話的改變看似微不足道，但溝通和改正能防止問題積小成大，以免往後事態更為嚴重。如同一架稍微偏航的飛機，我們透過微調將關係重新拉回正軌，如此一來，便可繼續朝著正確的方向前進。

我將相同原則應用於事業、友誼關係和自己身上。我每週都會與公司董事和友人聯繫，甚至在日記中進行自我評估，確保一切並未偏離正軌，並時時辨識是否需要調整任何方向。

每週，我的收件匣裡都充斥著諸多在事業、生意、關係和友誼中感到迷失的人的來信。最終發現，這些人幾乎無一例外，他們之所以陷入目前處境，都是源於長期忽視小問題的後果。他們未能與自己和他人溝通、未能暢所欲言、逃避困難的對話，或未能面對生活中看似微不足道的問題。結果，他們稍微偏離了人生的航線，僅僅1度，最終卻抵達了不想去的目的地。

★ 法則20：今日的小疏忽也許是明日的大患

持續改善哲學不僅涉及經營管理、效率或進步；更能持續確保自己走在正確的道路上，並朝向你打算、渴望和希望前往的目的地前進，這才是改善哲學的真諦。

※ 今日種下疏忽的小種子，
也許會是明日的最大遺憾。

Law #21

比對手加倍失敗

> ✱ 此法則證明，失敗率越高，成功的機會也越高。它將激勵你從現在開始更快速地失敗！

　　湯瑪士・約翰・華森（Thomas J. Watson）擔任 IBM 總裁長達驚人的 38 年。他是二十世紀上半美國最著名的企業家之一，與亨利・福特齊名。同時，華森也因為 IBM 大獲成功，成為當時數一數二的富豪。他的創新核心原則可簡單用一句話概括：「若想提升你的成功率，就把失敗率加倍。」他還表示：「IBM 每次有所進步，都是因為有人願意不顧一切，冒險嘗試新事物。」

　　華森被問及，若有名男性員工犯了錯導致公司損失 60 萬美元，他是否會解僱他。他迅速回覆：「不，我才花了 60 萬美元培訓他，為何要讓別人應用他的經驗？」

　　他直覺曉得，失敗既是進步的機會，而相反情況——缺乏失敗經驗，對 IBM 將造成致命影響。他也警告員工切勿自滿，即便在 IBM 位居業界龍頭時也是如此。華森的觀點與持續改

善作法相符,他表示:「每當個人或企業認為自己已取得成功時,就會開始停滯不前。」

早在我聽過華森和他對失敗不落俗套的觀點前,就花了十年鼓勵、衡量並提高旗下團隊的失敗率。我們都知道,失敗即反饋;我們也同意,反饋即知識;而正如一句老生常談,知識就是力量。所以,失敗就是力量。**如果你想增加成功的機會,就必須提高你的失敗率**。無法持續面對失敗的人,注定成為永遠的追隨者;而那些比對手更常面對失敗的人,將成為領導者,永遠受人追隨。

★ 如何提高你的失敗率

Booking.com 是全球最大、最成功的訂房網站。但是,如同所有產業領導者,它剛起步時,規模小、雜亂無章且表現落後。

Booking.com 前執行長吉莉安・譚斯(Gillian Tans)表示:「許多公司都是率先推出優質產品,然後將其銷往世界各地。但 Booking.com 反其道而行,我們起初先有基本的產品,然後努力釐清客戶想要的東西。我們失敗了許多次。」

網站推出幾年後,Booking.com 一名工程師在 2004 年參加了一場會議,他在會上聽到微軟的羅尼・柯哈維(Ronny Kohavi)談及實驗和失敗的重要性。當時 Booking.com 團隊總

是浪費時間為了下一步進展、應該實施的功能和未來方向持續爭辯不休，這名工程師將這個新想法帶回了 Booking.com。

他們開始透過簡單的實驗來了解客戶需求，然後利用這些見解來打造產品組合，也就是我們今天所熟知的 Booking.com。正如譚斯所言：「這就是我們的發展方式，沒有任何行銷或公關活動，只是不斷測試和實驗，來了解客戶的喜好。」

Booking.com 在目睹日益增加的實驗和失敗為公司帶來成功後，於 2005 年開發並推出了自己的「實驗平臺」，以便大幅擴大進行中的測試數量。

Booking.com 產品開發資深總監艾德麗安‧恩吉斯特（Adrienne Enggist）回憶：

「我過去任職於小型企業，執行長每六個月就會來一次大型產品的改版，等到產品上市時，實在很難弄清楚什麼有效、什麼無效。在 Booking.com，團隊很小，全都在同一層樓，看到每個人都願意冒險一試、面對失敗，迅速推動小改變，並用實驗來衡量成效，令人相當振奮。」

Booking.com 甚至任命了一位「實驗總監」，公開宣揚公司需要更多、更頻繁的失敗，並衡量失敗實驗的重要性，他表示：「我們認為，對照實驗是最能成功打造客戶所需產品的方法。」

如今，Booking.com 擁有 20,300 名員工，年營收高達 100 億美元。網站提供了 43 種語言服務，全球各地刊登的房源超過

2,800 萬條。在你閱讀本書的此刻，Booking.com 正進行 1,000 項實驗，全部由旗下各產品和技術團隊負責主導與設計。他們認為自己之所以能超越競爭對手，其一的關鍵就在於，他們「比對手更常失敗」的文化。

亞馬遜也奉行同樣「快速失敗」的信念。當這家市值上兆美元的電子商務平臺公司以破紀錄的速度達到年銷售額千億美元時，創辦人貝佐斯發送了下列的致股東信：

「我認為，亞馬遜最與眾不同之處就在於不怕失敗。我相信，亞馬遜是世界上最適合失敗的地方（對此我們有充足的經驗！），**失敗和發明密不可分。要想發明創造，就必須進行實驗**，若你事先知道它會成功，那就算不上是實驗。多數大型企業都想獲得創新成果，但卻不願承受實現創新必經的一連串失敗實驗。

優渥報酬往往來自於有違傳統認知的投資，而傳統作法通常是正確的。然而，既然有 10% 的機會可以獲得 100 倍的報酬，我認為你應該嘗試。雖然你十之八九會錯，但我們都清楚，若你對著全壘打牆奮力一搏地揮棒，也許會經常被三振，卻也可能擊出全壘打。然而，棒球和商業之間的差異就在於，棒球的可能性是有限的。揮棒時，你表現得再好，最多就是跑完四個壘包。但**在商業世界，當你勇往直前，有時能往前邁進一千步。**

這種報酬的長尾分布，正是為何大膽行動很重要的原因。最大的贏家，做了最多的實驗。」

貝佐斯在一次相關訪談中，進一步闡述了這個想法：

「想要創新，就必須進行實驗。你必須每週、每月、每年、每十年盡可能地實驗。道理就是這麼簡單：沒有實驗，就沒有發明。當我們嘗試新的、未經測試與證實的事情時，**我們希望會失敗，如此才稱得上是真正的實驗**。而且，不論大小實驗都是如此。」

亞馬遜擁有商界最大的失敗墓地——我相信貝佐斯對此深感自豪。例如：亞馬遜搜尋引擎 A9.com、購物機 Fire Phone 和鞋子網站 Endless.com，這些較知名的計畫都只是冰山一角，其他專案也許是太不成功，你根本聞所未聞。

然而，當其中一項實驗成功時，便會徹底扭轉業務發展，進而彌補所有失敗的損失，像是 Amazon Prime、Amazon Echo、Kindle，以及最引人注目的雲端運算服務 Amazon Web Services（AWS）。

AWS 最初是與亞馬遜電子商務業務毫無關係的實驗，但卻在二十年內成為有史以來成長最迅速的企業對企業（B2B）公司。AWS 是全球首屈一指的雲端運算平臺，共有 24 個業務據點，在 190 個國家擁有超過百萬的活躍用戶，營收高達 620 億

美元，年利潤達 185 億美元。2022 年，二十年前的小小實驗為亞馬遜整體利潤帶來了最多貢獻。2011 年，亞馬遜成立了自己的實驗平臺 Weblab，如今每年進行的實驗超過 2 萬個，持續致力於創新和改善客戶體驗。

貝佐斯在 2015 年的致股東信中，解釋了亞馬遜如何決定公司應該進行哪些實驗：

「有些決定影響重大且無法逆轉，或幾乎不可逆轉，猶如一道單向門。這類決策必須經過深思熟慮，徵詢各方意見，有條不紊、小心、從容地做出決定。因為一旦你穿過門後，發現自己不喜歡門外的風景，也無法走回頭路，我們姑且稱此為第一類決策。

但多數決定並非如此，它們可變、可逆，是一道雙向門。若你做出了次優的第二類決策，無需長期承受後果，你可以重頭來過。第二類決策可以且應該由具高度判斷力的個人或小團體迅速決斷。

隨著組織規模擴展，包含諸多第二類決策在內的多數決策，似乎傾向使用重量級的第一類決策流程，這樣的結果，最終導致公司行動緩慢、一股腦地規避風險、未能充分實驗，因此削弱了創新。」

★ 父子之爭

過去六年來，我為食品業一家引領業界、價值數十億美元的電商公司提供顧問服務，該公司旗下有兩個品牌：一個品牌由創辦整體集團的父親經營，而另一個較新的品牌則由兒子推出。我的公司受委託幫助他們擴展行銷、新客獲取、社群媒體和創新等工作。最初，我每週多達四天在會議室與這對父子討論，了解他們的品牌、目標和目的。

我每週拜訪這兩個品牌，從未間斷。我與他們一起環遊世界；我親力親為，為他們的危機管理新聞稿提供意見，制定他們的社群媒體策略，還有建議他們進行哪些行銷活動，事事都參與其中。他們去巴黎推出新產品時，我一同前往；他們在美國辦活動，我會到場；若他們在新加坡有重要會議，我會隨行；他們在中東開展業務時，我也在現場。

六年來，擔任品牌顧問的我，彷彿他們的一員，我看著兒子的公司從默默無聞、賺不到錢的小品牌，逐漸壯大為業界最受歡迎、最具文化影響力且獲利最高的品牌。同時，我看到父親的品牌風雨飄搖、停滯不前、成長緩慢。最終，兒子的品牌超越了父親的品牌，創造了超過十億美元的收入。

我有幸近距離觀察兩家企業、他們的決策和理念，因此可以

充滿自信地說，**兒子之所以能青出於藍，最重要的原因是兒子的失敗率是父親的十倍。**

當我的團隊發現有助於行銷、成長或社群媒體的技術時，我們在同一天向兩個品牌匯報，但卻獲得了截然不同的反應。還記得有一項創新技術，當時我們發現，使用在特定平臺上，可以讓社群媒體追蹤數迅速增加 20 倍。2016 年，我分別在兩次個別會議上親自向兒子和父親傳達了這項消息。

父親的團隊聽了這個想法後，要求我們進行更詳盡的簡報，還對費用嗤之以鼻，並告訴我，他們需要層層簽核才能繼續進行。九個月後，他們仍在「內部討論」。

兒子起初並未讓我向團隊匯報，他想親自聽聽這個想法。我甚至還沒解釋完，他便把助理喚來並吩咐：「立刻把整個行銷團隊叫進來。」行銷團隊進到辦公室後，他要我重複一遍剛才說的資訊。我說明完，他看著行銷團隊說道：「我們今天就要進行。」他回頭對我說：「史蒂文，無論你需要什麼都沒問題，我們全力支持你！馬上去做！」

沒有簽約、沒有律師在場、無需層層簽核、毫無延誤；只有信任、迅速執行和充分授權。

接下來幾個月，這個提案讓兒子品牌其中一個社群媒體通路增加了一千萬名粉絲。到頭來，比起品牌過去採用的所有策略，用我們發現的方法來擴展社群媒體追蹤數的成本少了95%。

兒子本能地知道這是一個「第二類」決策，這種決定即便失敗也不會造成不可逆的傷害。它是可逆的，而一旦成功了，最終將徹底翻轉品牌的發展。他深知面對第二類決策時，應當遵循貝佐斯的話：「第二類決策可以且應該由具高度判斷力的個人或小團體迅速決斷。」

兒子心知，**最大的代價不是失敗，而是錯過成長的機會；以及不論結果，浪費時間學一個新教訓**。若這次實驗失敗了，他們不過是損失一天的時間和一些金錢，但我們會在24小時內進行下一個實驗，每失敗一次，離正確答案就更近了一步。

大約十個月後，等到父親的品牌謹小慎微地決定採用這個想法時，它已經不再管用，我們發現的平臺漏洞已被關閉，拓展社群媒體通路再度變得成本高昂、複雜且困難。

值得注意的是，我們提供給兒子的多數想法，不見得總是成效如此驚人。無論多精心策劃，多數實驗都會失敗。據我估計，十分之三以慘敗收場，十分之三是普通失敗，十分之三結果不錯，只有十分之一可能成效卓著，而且好到足以改變公司

命運,並彌補了其他九次失敗造成的損失。

> 掌握51%的確定性後,做出決定。

多年後,我有幸在巴西與前美國總統歐巴馬同臺。歐巴馬總統提及,面臨艱難抉擇時——比如是否連夜未經通知派遣人員飛入巴基斯坦突襲賓拉登——他會考慮機率,而不是確定性。

他說,每個決定都萬分艱難:「如果是容易解決的問題,或稍微困難但可解決的問題,就不會由我來決斷,因為按理來說,其他人會負責處理。」

他不是問「如果我做了這個決定,X 或 Y 會發生嗎?」,而是問「X 或 Y 發生的機率有多大?」歐巴馬強調,關鍵在於身邊必須要有比自己更聰明的人:「要有自信地讓比你聰明或持不同意見的人在你周圍,這一點至關重要。」他不僅權衡每個決定正確的機率,還會考慮如果他錯了將會產生的影響:「你的重大決定不必百分之百確定,只需要掌握 51% 的確定性。一旦有了 51% 的確定性後,果敢決斷,並坦然接受自己是根據當下掌握的資訊來決策的事實。」

透過與這對父子的公司合作、十多年來為全球頂尖品牌提供

顧問服務、以及歐巴馬的經驗，我逐漸了解到，**所謂的完美決策只是後見之明**；對潛在結果思前想後，過程拖拖拉拉，都是徒勞。商場上猶豫不決的真實代價是浪費時間，而這些時間本可以用來實驗、然後從失敗中獲得經驗，最終幫助你成功。但是，有些品牌卻陷入恐懼，試圖避免損失而躊躇不前，到頭來反倒失去了最珍貴且重要的東西：機會、知識和時間。

知名作家暨研究學者納西姆・塔雷伯（Nassim Taleb）以下圖做了總結：

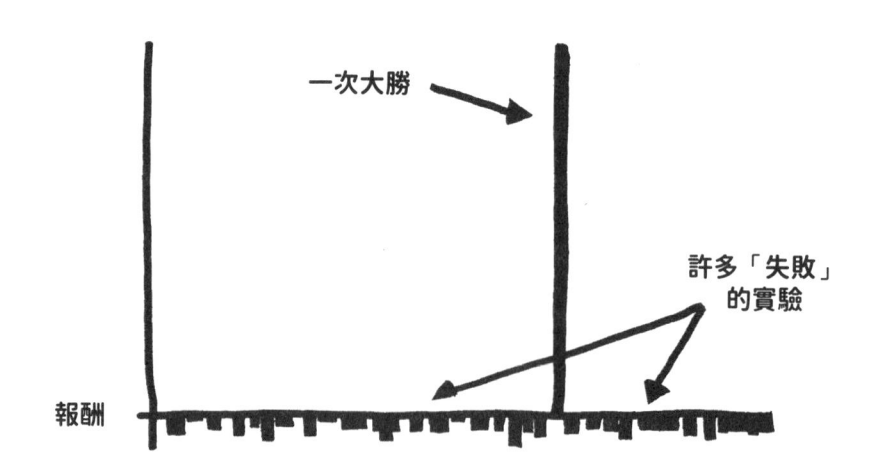

（圖：一次大勝／許多「失敗」的實驗／報酬）

★ 打造「鼓勵失敗」的哲學

我合作過的部分公司，做對了這件事：他們擁有飛快的實驗週期，將變革視為機會，比對手更常失敗，而且他們幾乎總是

領先業界。我曾與一些公司合作,他們雖然相信這個理念,也嘗試過一番,卻未能成功;他們要求團隊進行更多創新,把它寫在辦公室的牆上,但從未真的執行。部分公司對於實驗與創新根本不買帳,這些公司幾乎都不是由創辦人帶領,其中有些表現停滯,有些逐漸衰落,並將瞬息萬變的世界視為威脅。

我發現了最具創新的公司自然而然地體現了五項共通原則。我相信這五項原則讓這些企業團隊比對手更不怕犯錯、也更常失敗:

1. 消除官僚主義

「它就是惡霸。」沃爾瑪(Walmart)執行長董明倫(Doug McMillon)如此說道。波克夏·海瑟威副董事長查理·蒙格(Charlie Munger)則表示:「它的觸手應該以類似癌症的方式被處理。」摩根大通執行長傑米·戴蒙(Jamie Dimon)說:「這是一種病。」

上述這些備受敬重的商界領袖談的都是「官僚主義」,它顯然不太受歡迎。簡而言之,最糟糕的企業官僚主義就是擁有繁文縟節、冗長磨人的簽核流程,以及由上到下層層分級的科層組織。

這些制度剝奪了員工的權力,讓公司行動遲緩,抑制了實驗的動力,延誤創新,並扼殺了員工腦中的珍貴想法。

> 官僚體制是人類聰明才智、精力和創業精神的負擔。

正如《彼得原理》（*The Peter Principle*）一書作者勞倫斯・彼得（Lawrence Peter）所言：「官僚機構一直在維持現狀，即便現狀已不合時宜。」

對於在複雜的監管和國際環境中營運的企業而言，官僚主義常被公司領袖視為不幸的必要存在。美國的勞動市場正是一例：自 1983 年以來，經理、主管和行政人員的數量增加了 100% 以上，而其他職業的增幅約為 40%。

根據《哈佛商業評論》（*Harvard Business Review*）的調查，近年來，近三分之二的員工表示，他們的組織變得更官僚；同時，生產力成長陷入停滯。對於主宰西方經濟的大型企業來說，官僚主義尤其有害。美國勞動市場上，三分之一以上的勞工受雇於員工數 5,000 名以上的企業，而第一線人員通常由 8 個層級的管理人員監督。

正如〔法則 05〕所示，現今世界如此瞬息萬變，在這史無前例的時刻，任何減緩公司實驗速度的行為都無異於自尋死路。

年銷售額 350 億美元以上的中國家電企業海爾集團（Haier Group）比誰都更明白這一點。為避免官僚體制帶來的惡果，

他們將 7.5 萬名員工劃分為 4 千個小微企業，其中多數只有 10 至 15 名員工。這些微小的自主團隊能夠迅速決策，比對手更常從失敗的嘗試汲取教訓，隨著市場創新，也進而主導所屬的產業。

蘋果公司共同創辦人暨執行長賈伯斯在談到企業官僚主義時表示：

「蘋果的組織架構猶如新創公司。我們是地表上最大的新創企業，每週都開會 1 次，每次 3 小時，討論自己正在從事的一切工作。團隊合作仰賴對其他人的信任，相信他們會完成自己的責任，不時時監督對方，而是信任每個人會各司其職。我們非常擅長這一點。」

正如我從旗下所有公司、客戶和個案研究中所見，**關鍵在於盡可能精簡專案團隊，賦予他們更多權力、信任和資源來進行決策，同時免除不必要的簽核流程，尤其是當團隊在做第二類（低風險、可逆的）決策時。**

2. 改善獎勵制度

2020 年，我的公司受託讓一家瀕臨破產、搖搖欲墜的時尚電商平臺起死回生。新冠肺炎疫情促使他們關閉實體店面、裁員和減薪。員工士氣低落，新執行長走馬上任，奉命帶領公司朝新方向發展。

我第一次向執行長進行簡報時，說明了他們必須成倍提升所有領域的失敗率，包括行銷在內。他們落後競爭對手，錯失機會，將資源浪費在無效的傳統策略上。

聽了我的建議後，執行長提到公司已經鼓勵團隊進行更多嘗試，並指出他們已將「快速失敗」納入員工手冊，作為公司四大核心價值之一，而且辦公室茶水間的牆面上也大大地寫上了這四字箴言。

簡報完後，我與所有人員進行了長達數小時的閉門會議，從經理到實習生一一懇談。與行銷團隊的會議上，我提出了一個問題：「為何你得更頻繁失敗？」全場陷入一片深長、耐人尋味的沉默，於是，我換了個方式提問：「你為何不更常失敗？」原本默不作聲的行銷經理突然說起話來，丟出了一長串的回答，包括「我不想出糗」、「我會不能加薪」、「大家會看不起我」、「我可能會被解雇」，還有「我太忙了，沒時間嘗試新事物」。

隨著她滔滔不絕地列舉出更多理由，顯而易見地，這家公司有「獎勵措施失調」（misaligned incentives）的問題，即公司對員工的期望與提供的獎勵和動機不一致。公司想要創新者、冒險家、創業家，但是，仔細檢視下來，正如多數遲緩、垂死的公司，員工只有足夠的動機去完成分內的工作，不多不少。

然而，最令我震驚的是，仍有執行長相信，在員工手冊裡放

入可愛用語、老套口號和理想的價值觀會管用。

> 言語需要證據、動力和榜樣才能成真。人類行為不是由陳腔濫調、口號和一廂情願的想法所驅使。

若想預測一群人長遠的行為趨勢，你需要觀察的是他們的動機，而非指示。

我在重新規劃行銷部門的獎勵制度時，其中一項實行的制度是表彰流程，目的是表揚員工或團隊成功執行實驗，無論結果如何。畢竟，執行實驗是可控的因素；但在市場上成功與否無法控制，所以不是我們獎勵的重點。

3. 升遷和解雇

我告訴時裝公司的執行長找出最快速失敗的員工，盡量拔擢他們到公司的上位。一家公司不會只有一種企業文化；組織裡每位管理者旗下都會建立起自己的次文化。

我創立的第一家行銷公司裡，有近 30 位經理人，我不只一次觀察到，各團隊之間的滿意度、態度和理念多麼截然不同，這純粹與經理的領導風格有關。所以，有 30 位經理的公司，實際上就有 30 種文化。

> 影響力會由上往下滲透：你需要公司最高層的人成為企業文化價值最忠實的擁護者。

當你晉升這些員工或為他們加薪時，讓所有團隊成員知道原因，並指出他們失敗率特別高的事實。

反之，若團隊中有阻礙新想法、快速失敗和實驗的人，要迅速將其剔除，尤其是這些員工擔任管理職的話。若你有一支能力出眾、充滿展望且具創業精神的優秀團隊，一個糟糕的經理可能會摧毀人員的士氣、動力和樂觀精神。

4. 準確衡量失敗率

我在擔任時尚電商公司的顧問時，要求執行長建立一套「實驗流程」，為員工提供教育訓練，並持續與所有團隊成員溝通，確保所有人遵循實驗流程，並用以衡量和傳達他們想嘗試的新想法或實驗。

> 諸多時候，員工不敢提出新想法，是因為不清楚應該遵循的程序。教育訓練是消除操作心理摩擦最簡單的方法。

最後，我告訴執行長逐一衡量每個團隊的失敗率，明確設立目標，並在年底前將各團隊的失敗率提高十倍。

　　在商業中，不衡量就無法改進，有關注才有成長。透過建立明確的 KPI（關鍵績效指標）和目標，讓提高失敗率成為所有人的責任，從此這家時尚公司裡，任何人都不可能因為「太忙」而無暇進行實驗，因為這已成為個人工作的核心職責，就像持續改善哲學的情況一樣。

　　後來，這家公司慢慢轉變方向，隔年便達到七年來首度損益平衡，第二年便實現了可觀的獲利。

　　它充分賦能的員工團隊所展現的新創意和創新精神，使這家公司煥然一新，員工留任率提高，員工滿意度飆升，公司更是前所未有地勇於創新。

5. 分享失敗

　　若想從每次失敗中獲得最大回報，最重要的就是詳實地與全公司上下分享每次失敗的假設、實驗和結果等資訊。此類資訊亦是一種智慧資本，可作為未來實驗的基礎。公開分享失敗的經驗可以防止其他人重蹈覆轍，激發新思想的發展，並促進持續實驗的文化。正如湯瑪斯・愛迪生所言：「我沒有失敗，我只是發現了一萬種行不通的方法。」

⭐ 法則21：比對手加倍失敗

　　失敗不是一件壞事，為了增加成功的機會，你必須提高失敗率。每次嘗試失敗時，都會獲得寶貴的資訊，可與團隊共享。快速實驗、快速失敗、然後繼續實驗的企業，幾乎總是能領先對手。

失敗 = 反饋。

反饋 = 知識。

知識 = 力量。

失敗賦予你力量。

Law #22

做個A計劃思考者

* 此條法則將證明為何你生活中的B計劃也許是A計劃最大的成功障礙。

我即將講述的故事改變了我的人生。

1972年10月13日星期五，南多‧帕拉多（Nando Parrado）在昏迷48小時後醒來，他並不是在手術後甦醒，也不是從兩晚徹夜狂歡中清醒過來：他位於安地斯山脈海拔數千英尺的冰川谷地，身陷飛機失事的殘骸，周圍盡是死傷的同伴，他沒有任何求援管道，甚至無法確定自己身在何方。

這次事故中共有45名乘客，其中29人倖存下來，他們是一支烏拉圭橄欖球隊，當時正前往智利參賽。最初，他們盡其所能地求生，飲用融化的雪水，吃下從行李中能找到的任何食物。帕拉多回憶：「第一天，我慢慢地含著花生上的巧克力⋯⋯第二天⋯⋯我輕輕地含著花生數小時，時不時只允許自己咬一小口。第三天我做著同樣的事，當我終於把花生啃得一點不剩時，我們已經沒有食物了。」

整整一週後，帕拉多和倖存下來的同伴面臨飢餓的威脅，而且在找到一臺電晶體收音機後，得知智利當局已經取消了搜救行動。於是，他們做了難以想像的決定：他們別無選擇，只能吃掉死去同伴的肉求生存。

飛機上只有少數幾名女性，包括帕拉多的母親和妹妹，他邀請她們一同來觀賽。他的母親──49 歲的齊妮雅（Xenia）在墜機時當場死亡；妹妹蘇西（Susy）最初還活著，但一週後在哥哥懷裡離世。

他們認為飛行員對墜機事故負有責任，因此最先吃的是他的屍體。倖存者一致同意，其他人的遺體不能動，包括齊妮雅和蘇西。但帕拉多深怕有人會違反協議，如果發生此種情況，他將無法面對自己。

飛機失事兩個月後，帕拉多宣布他要出發去求救。他餓壞了，毫無登山經驗，也不知道自己要往哪裡去，但這總比吃自己母親和妹妹的肉更好。他說：「我不想在逼不得已時吃她們的肉，我不想面對那一刻。」

帕拉多和同伴羅伯勉強縫了一個睡袋，拼拼湊湊地組了雪橇，然後便出發。他們決定往上走，而不是下山，希望高處的視野能讓他們更有機會找到逃生路線。他們辛苦跋涉了三天，終於登上了海拔 15,000 英尺的頂峰，但卻一無所獲。

「我們抵達第一座山的山頂時，所目睹的景象著實令人目瞪口呆。我無法呼吸、言語或思考，眼前的景象十分駭人；我們看到的不是綠油油的山谷，放眼望去，盡是層層山嶺與白雪覆蓋的山峰。那時，我知道自己死定了⋯⋯但我不可能回去，吃掉我母親和妹妹的遺體，唯一的出路就是前進，我們會死，但我們會努力至死⋯⋯我會繼續前進，直到嚥下最後一口氣。」

他們蹣跚地往另一側下山，開始沿著下方的冰川前行，身體一天比一天虛弱。兩人一跛一跛地走了十天，穿越天寒地凍的高山、厚厚的積雪和致命的岩縫。

帕拉多回想：「那是一種難以言喻、持續且痛苦的努力，高山如此巨大，讓人感覺毫無進展，你會為自己設定一個遠方的目標，認為到達那裡大概需要兩、三個小時，但這座山實在太大了，感覺似乎永遠都走不到。」

接著，疾病襲來，兩人的身體開始衰竭。12月18日，他們來到了一條河邊，便沿著河流前進，然後發現了最近來過的人跡：一個湯罐、一個馬蹄鐵，甚至還有牛群。終於，12月20日，他們看見對岸騎在馬上的人。

河水太過洶湧了，不論他們喊些什麼，對岸都聽不見。於是，帕拉多模仿了飛機墜毀的動作，試圖解釋他們是誰，不過他也擔心那人會認為他瘋了，然後騎馬走人。所幸情況正好相反，

對岸的男子將紙條綁在石頭上，然後扔給他們，上面寫著：「告訴我，你們要什麼？」

帕拉多回覆：「我的飛機墜毀在山裡，我們已經走了十天了，沒有任何食物，我再也走不動了。」他解釋，山上還有 14 名倖存者，他們命在旦夕，急需幫助。

男子收到紙條後大吃一驚，但他相信自己讀到的內容，騎馬騎了十個小時到最近的城市，第二天帶著一支救難隊回來。終於，在飛機失事 72 天後，帕拉多和友人奇蹟似地獲救。隔天，他乘坐直升機帶著救難隊返回墜機地點，找到並救出了另外 14 名倖存者。

「一直前進是因為無法回頭。」他解釋道。

帕拉多的故事展現了人在面對絕境時的毅力、堅韌和勇氣。我 19 歲偶然接觸到他的故事時，當時我的財務狀況極差；試圖追求第一個創業夢想；因為大學退學，家裡與我斷絕關係；最糟的時候還去商店行竊和撿東西吃；而且孤身一人住在貧困社區，身無分文。

他的故事改變了我的人生，在我人生最黑暗時，給了我希望；在我最需要時，給了我助力；不論處境多艱難，讓我有更多理由堅持下去。經過幾年的努力不懈，我也擺脫了困境：我建立了一家成功的企業，享受財富自由，過著超乎自己想像的生活。

「一直前進是因為無法回頭。」我走不了回頭路，因為我無路可退。沒有 B 計劃成為我人生最不可思議的動力。當人在心底排除了所有其他可能性，全心全意專注於眼前唯一的道路時，你會用上所有的熱情、毅力和力量，毫不猶豫或動搖。

「世上任何人相信之前，你必須先相信自己——沒有理由需要制定B計劃，它會分散A計劃的注意力。」

——威爾・史密斯（Will Smith）

倘若當初我有別條路可選，那段最黑暗的時光大有可能引誘我走上別條路。這聽來也許像是毫無意義、勵志的場面話，或是不切實際的陳腔濫調，但驚人的是，研究人員最近發現，無論任何抱負或志向，擁有 B 計劃都會對 A 計劃的成敗產生純然的負面影響。

★ 也許我們該把雞蛋放在同一個籃子裡

你或許聽過一個建議，「別把雞蛋放在同個籃子裡」。談到就業、申請大學、甚或是申請新職務時，普遍都會認為擁有備用計劃是不錯的主意。研究顯示，此種方式的確有助於減輕不

確定所帶來的心理不安，但令人意外的是，新研究也指出，如此做的代價巨大。

> 研究證明，擁有或甚至考慮制定備用計劃也許會影響你實現主要目標的動力，進而阻礙你的表現。

三項研究中，近 500 名學生被要求解決困難的文字謎題，解讀混亂的句子。若他們成功了，將可獲得美味的小點心。其中一組學生在嘗試解題前，被告知想一想備用計劃，倘若他們解不出句子的話，也許還有其他方法能在學校獲得免費零食。

研究人員發現，沒有 B 計劃的學生組表現遠遠優於有備用計劃的學生。他們有更高的動機，更重視成功，解決了更多難題。隨後的實驗採用不同的情境和獎勵（例如：金錢、其他獎品和節省的時間），結果始終如一。

其中一位研究人員、行為科學家凱蒂・米爾克曼（Katy Milkman）總結：「這顯示了，考慮 B 計劃會讓人較不積極實現目標，進而影響個人的努力和表現，最終有損成功達標的機會。此研究發現適用於高度仰賴努力才能成功的目標。」

此外，有些人可能會因為對失敗的恐懼而卻步，但研究顯示，**恐懼失敗其實可以提供實現目標所需的動力。**

同樣地，其他研究指出，失敗時感受到的負面情緒越多，就越有動力追求成功。然而，若有 B 計劃，由於排除了對失敗的恐懼，成功的動機自然就會減弱。

★ 冒險不代表莽撞

若你因為閱讀本文而考慮穿越安地斯山脈，進行十天危險的長途跋涉，我得先做個免責聲明，冒險和全然莽撞有所區別，冒險意味著全心全意為目標努力，但莽撞則是不顧後果行事。

所幸，在我的故事中，我並未面臨死亡的威脅；我很幸運，生活在一個能接住我的社會，若有需要，它會為我解困、餵養我、幫助我安頓。諸位之中，許多人都有必須要保護的家眷、房貸和其他責任。因此，首要考量永遠是要求實際。

★ 法則22：做個A計劃思考者

此法則仍是人類境況中最令人不安、不可避免的現實之一。我們為特定目標投入自己的程度（包含心思、精力和注意力在內），與實現目標的可能性呈現正相關。有人將此稱為「顯化」，但我稱之為「A 計劃思維」。追求最重要的目標時，B 計劃是額外的負擔，會影響個人動機，還會分散你的注意力。

☆ 世上沒有什麼
比不受B計劃干擾的人
更具創造力.
決心和心無旁騖。

Law #23

別當鴕鳥

> ✳ 在這條法則中,你將了解到,為何我在商場上最大的錯誤是在本該像雄獅一樣行事時,卻當了鴕鳥。在職業生涯中,當鴕鳥會葬送你的事業。此法則將教你如何避免成為鴕鳥。

「上帝自己都無法擊沉這艘船。」當人們警告鐵達尼號船長愛德華・史密斯(Edward Smith)海冰的危險時,他如此回應。

數小時後,當船撞上冰山,開始進水下沉時,據聞當時值班的大副默多克(First Officer Murdoch)向乘務長約翰・哈迪(John Hardy)表示:「我認為她(鐵達尼號)已經沒救了,哈迪。」

即便命在旦夕,但後來乘客回憶道,當時甲板上有種詭異的平靜、難以置信和若無其事。乘客伊迪絲・羅素(Edith Russell)回想:「有人在打牌,還有一個人在拉小提琴,他們彷彿身在客廳一樣冷靜。」

另一名乘客艾倫・伯德(Ellen Bird)形容,有些人似乎完全忽視大難即將臨頭:「我看到一、兩個男人和女人站起身,望向窗外,然後又坐了下來,顯然是想回去睡覺。」

美國商人威廉・卡特（William Carter）爬進了最後逃生的可折疊救生艇。卡特表示，他曾試圖說服喬治・韋德納（George Widener）與他一同坐上救生艇，但韋德納無視他的警告，並說：「我寧願碰碰運氣。」

因此，雖然救生艇數量非常有限，但有些救生艇甚至還空了些位子。隨著情況越來越危急，船員開始瘋狂吹哨，驚慌失措地呼喊，試圖讓乘客坐上救生艇。據倖存者描述，有些船員甚至顧不得一些人的意願，強迫他們上了救生艇。

鐵達尼號沉沒的最後一刻，就在船幾乎完全被淹沒的前幾分鐘，大部分的甲板沒入水中時，恐慌才開始蔓延開來。二副萊托勒（Lightoller）不得不揮槍作勢趕人，五等船副洛威（Lowe）則實際朝著船邊開了槍，防止人們湧向最後一艘救生艇，避免船隻因為負重拖累而下沉。一名慌亂的船員甚至跑進無線電室，試圖在資深電報員傑克・菲利浦（Jack Phillips）操作無線電時偷走他的救生圈。

結果，整船 2,240 人，近七成的人於船難中喪生。

此種否認的反應複雜難解，讀到這個故事時，有些事後諸葛也許會認為這些逃避現實、反應慢半拍的乘客太過愚昧、不理性且魯莽。然而，**他們的反應正好體現了非常人性化且普遍的行為現象，即「鴕鳥心態」（ostrich effect）**。

★ 關於鴕鳥心態

當鴕鳥察覺到危險時，會把頭埋進沙子裡，概念是如果這樣能躲避威脅，危險終究會過去。人類其實並無二致，我們在面對壞消息、困境或難以開口的事時，往往會像鴕鳥一樣，把頭埋進沙裡。

我們生而為人，會本能地避免不安。當我們知道自己超支時，會停止查看銀行帳戶；我們會避免不想進行的困難對話；更糟糕的是，我們一再逃避約診，以免聽到關於自己健康的壞消息。

英國 TSB 銀行最近發布的一份報告顯示，負債累累的英國人每月累積損失 5,500 萬英鎊，原因是他們不願正視自己的財務狀況，並做出簡單的調整。一項實證研究發現，市場整體大漲時，投資人較可能會查看個人的投資組合價值，但在市場持平或下跌時，則會避免查看投資帳戶。

另一項針對 7,000 名 50 歲至 64 歲女性的研究，結果令人震驚。研究人員發現，聽說同事被診斷出罹患乳癌的婦女，前去接受免費檢查的可能性降低了 10%。

鴕鳥心態出現時，我們不光是焦慮而已，還會被焦慮控制，促使我們迴避最令自己不安的事。正如精神病學家喬治・華倫特（George Vaillant）指出，「否認可以是健康的，讓人能夠應付焦慮，不因焦慮而動彈不得；但它也可能有害無益，讓人開始自欺，以危險的方式扭曲現實。」

就創業發展而言，一家公司的成敗關鍵也往往取決於鴕鳥心態。企業調查公司領導智商（Leadership IQ）進行了一項研究，針對近 300 家解雇執行長的公司收集其中 1,000 多名董事會成員的資料。據其發現，23% 的董事會解雇執行長的原因是「否認現實」，31% 因為「變革管理不善」，27% 的原因是「容忍表現不佳的員工」，而 22% 則因為「無所作為」，上述都是企業常見的鴕鳥心態症狀。

> 商場上，盲點最少的人獲勝的機會最大。

我們越接近現實，思維便越明晰，越能明智決策，並獲得更好的成果。柯達、諾基亞（Nokia）、百視達、雅虎、黑莓公司（BlackBerry）和 MySpace 的故事清楚顯示，那些感覺最不受重視的人在面對創新、變革和不願面對的真相時，往往最容易成為鴕鳥。

★ 如何避免成為鴕鳥

籌備本書時,我在紐約辦公室訪問了國際知名作家尼爾‧艾歐;他花了數年時間研究人類在最好和最壞情況下的行為動機。他告訴我:

「大家以為自己的行為動機是尋求快樂;他們錯了,我們的動機是為了避免不安。甚至連性和伴隨的性慾也是我們尋求緩解的一種不安。

多數人不想承認一個令人不安的事實:即分散注意力始終是不健康的逃避現實方式。

我們如何處理令人內心不安的觸發因素,決定了我們是追求健康的行為牽引,還是選擇自我毀滅的轉移注意力行為。」

我個人的事業生涯中,工作上最大的錯誤和遺憾,都不是我所做的不成功的商業決策;而是那些我直覺曉得但未做出的極不舒服的決定:我因為恐懼、不確定和焦慮而逃避面對的事,像是明知要解雇但未解雇的人、必須與客戶進行但卻迴避了的談話,以及需要向董事會明確表達但遲遲未說出口的警告。

同理,我們也都曉得,鴕鳥心態可能會為戀愛關係帶來傷害:逃避難以啟齒的話題,迴避尷尬問題,假裝一切無事。當兩人都說不出口、缺乏勇氣或信念來面對自己未滿足的需求,雙方共同的否認和相互迴避便會導致一段關係無法前進。爭吵時而

有之，但鮮少是正確的爭論。若你們在一段關係中，不停重複相同的談話，就表示重點錯了，你們其實迴避了本應進行的、不舒服的敏感話題。

> **各行各業難免有苦楚，但試圖逃避痛苦所造成的痛苦則可以避免。**

　　商場上，鴕鳥心態和衝突未解決的痛苦，員工最能感受；若是家長，受苦的則是子女；若是在你的生活中，首當其衝的便是你的身心與精神。

　　甘迺迪政府時期，一名白宮工作人員曾表示，總統和第一夫人之間的關係是衝突還融洽，總是十分明顯。採訪者十分訝異於兩人的關係竟如此公開，工作人員回應：

　　「有問題時，他們其實不太會表現出來，但我們只需觀察兩方親信的互動，就曉得他們是不是在吵架。理髮師與交通人員若發生爭吵，我們便知道甘迺迪和賈桂琳有所衝突。當兩邊人馬表現和諧時，我們便曉得第一家庭相處融洽。」

　　甘迺迪政府故事的核心思想是：**衝突會在社會體系各階層內部和之間流動**。當事情因我們選擇掩耳不聞而懸而未決時，它不會靜靜地等待處理；而是會影響我們周遭的人，變得有害、

具傳染性並造成傷害。而且，只要不解決，隨著每一天過去，還會帶來更多連帶損害。

★ ★ ★

五年前，我意識到自己必須找到方法來克服鴕鳥行為，讓自己能當機立斷，誠實地面對生活、事業和愛情中最不舒服的現實。我堅信，我們必須能夠妥善應對困苦不安、壞消息和不願面對的事，才能充分發揮自身潛力。所以，我根據行為經濟學、心理學和社會學，自創了四步方法，來面對不安和避免拖延。

・步驟 1：停下腳步正視現實

第一步是停下腳步，向自己承認有些事不太對勁。此種暫停的時刻，往往出現在人察覺自己不快的情緒多麼強烈且驚人地持久時。若不強迫自己停下來思考，就無法開始整個流程，也無法為下一步創造足夠的空間。

・步驟 2：自我檢視

下一步是從感受、行為和情緒面來檢視自己。自我檢視至關重要，有助於我們清楚表達唯有自己感知到的事物：哪方面出了問題？哪方面失衡了？什麼需求沒被滿足或被恐懼控制？

停下腳步檢視自我的人有如意識到犯罪發生的偵探，握有犯罪證據，但還未找出兇手。解決此類問題通常需要他人的幫助，我們必須借助外力，來跳脫自我敘事，準確地自我診斷，而不是單靠自己偏好的方式來隨意構陷和指責元兇。

・步驟 3：實話實說

下一步是實話實說。分享自我檢視的結果，不指責他人，強調個人責任。此時，未解的人際衝突才能從錯誤的對話轉向正確的方向。

人出現鴕鳥心態時，會避而不談自己受困的情緒。他們會轉移注意力、誤判問題，並用其他事讓自己分心。不將潛在問題說出口又加深了鴕鳥心態。唯有當人能坦言不諱時，才能從受困的情緒解脫。諷刺的是，科學研究顯示，人與人之間之所以能更加緊密，正是透過談論人際的斷裂與疏離。

・步驟 4：尋求真相

最後一步，你必須虛心尋求真相。這點在人存在著認知偏誤、自以為是和無知的情況下，可說是知易行難。虛心尋求真相意味著傾聽，但不只是聽見而已，而是要聽進去、理解。不從求勝的對手角度來傾聽，而是從夥伴的角度，耐心地努力克服困難。

真正尋求、傾聽和理解真相時，其間伴隨的不安也許會誘使你再次當隻鴕鳥，但關鍵是回到步驟 1，停下來思考，然後重複整個過程，直到解決問題。

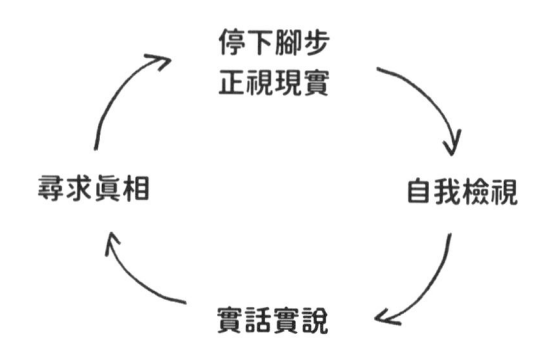

```
        停下腳步
        正視現實
    ↗            ↘
尋求真相          自我檢視
    ↖            ↙
        實話實說
```

★ 法則23：別當鴕鳥

　不論商場上或人際關係中，逃避令人不安的現實和困難對話都毫無助益。無論有多少考驗，我們必須正視問題，評估自己能做哪些努力，分享我們的發現，真正面對現實。

☆ 若希望事業、關係和生活能取得長遠的成功，你必須盡快學會接受令人不安的事實。

當你拒絕接受，就是在選擇接受一個不安的未來。

The Diary Of A CEO

Law #24

把壓力當作特權

* 此條法則教導我們安逸如何慢慢扼殺我們的身心和情感。本章將幫助你了解，我們如何以及為何必須將生活壓力視為一種特權。

比莉・珍・金（Billie Jean King）生涯拿過 39 次大滿貫冠軍，如今眾所期待她再次奪冠。大家都對她寄予厚望，如此大的壓力對誰來說也許都難以承受，但對珍・金來說卻不然。她在溫布頓破紀錄地贏下了 20 次冠軍，整個網球界都在關注她的賽事，每個體育記者都準備好批評她的一舉一動。珍・金被問及如何應對萬眾矚目所帶來的沉重負擔時，她一派輕鬆地回答：「**壓力（pressure）是一種特權，只有值得的人才有幸擁有。**」

如同多數過於簡化的名言，大家對於「壓力是一種特權」這種說法，自然是反應不一。人們聽到這句話時，很容易想成「壓力（stress）是一種特權」。因此，我必須先在此澄清，此壓力非彼壓力。「**stress**」（緊張壓力）是內在的心理反應，而「**pressure**」則是外部的環境力量。當然，壓力可能會引發良性或惡性的緊張壓力，因人而異，但壓力本身並沒有錯。壓力

是一種主觀情況，而不是客觀情感。面對強大的壓力，一個人的緊張壓力也許是另一人的樂事。

我並不享受所有壓力，尤其在感受到壓力的當下更是如此。而且，我的壓力從來都不簡單，它經常以我不情願的方式考驗著我，但我所有最大的壓力經常是所有最大特權的序曲。壓力與特權有著清晰、牢不可破的關係，理解兩者的關係讓我獲得解放、感到鼓舞和安心。壓力同時顯現出我是誰，以及我不是誰，也讓我看清自己走了多遠，以及前路還有多長。對我來說，沒有壓力，生活就漫無目的。壓力並不是問題，也沒有好壞，但我們如何應對、看待和評估壓力，以及壓力所引發的緊張情緒，也許會產生意義重大或致命的後果。

★ 只是聖母峰上一個寒冷、漆黑的夜晚

壓力並不攸關生死，但你如何看待壓力卻可能是性命交關。

威斯康辛大學的研究人員對 3 萬名美國成年人進行了一項緊張壓力的研究。他們詢問了受試者「你過去一年經歷多少緊張壓力？」以及「你認為壓力有礙你的健康嗎？」等問題。

八年後，他們利用公開的死亡記錄來找出還在世的人。結果並不令人意外，研究期間歷經巨大壓力的受試者，其死亡風險增加了 43%。但是（這是一個巨大的但是），此點只適用於那

些相信壓力有害他們健康的人。那些歷經高壓但不認為它有害的人，死亡機率並未增加。事實上，研究分析顯示，所有受試者中，此族群的人死亡風險最低，甚至低於自稱承受相對較小壓力的人。研究人員估計，在他們追蹤死亡數據的八年間，有18.2 萬名美國人過早死亡，**但原因不是壓力，而是因為他們相信壓力有礙健康**。凱莉・麥高尼格（Kelly McGonigal）是史丹佛大學健康心理學家暨講師。她在關於這項研究的 TED 演講中指出，若研究人員估計正確，相信壓力有害健康算得上是美國第十五大常見死因，造成的死亡人數遠比皮膚癌、愛滋病／後天免疫缺乏症候群（HIV/AIDS）和謀殺案還多。

★ ★ ★

你還記得上次真正感受到壓力是何時嗎？你也許會心跳加快、呼吸急促、雙手濕冷。通常我們將這些生理反應解讀為焦慮，或壓力應對不良的跡象。

但如果你以不同角度看待這些反應——**把它視為身體正準備迎接挑戰、為你注入能量的徵兆呢**？哈佛大學研究人員在受試者進行高壓測試前，正是如此告知他們的。學會將壓力反應視為有助於表現的受試者，較不焦慮、更有自信且表現更出色。特別有意思的是他們生理上緊張反應的變化。人在緊張時，通

常心率會升高，血管會收縮，是一種不健康的狀態。

但在這項研究中，當受試者將壓力的生理反應視為有益時，他們的心率依舊會升高，但血管卻維持放鬆和舒張，表示他們的心血管反應較為健康。麥高尼格指出，正面看待壓力的受試者，其心血管特徵類似於感到喜悅和受鼓舞時的人。

此外，哈佛商學院教授艾莉森・伍德・布魯克斯（Alison Wood Brooks）指出，重新調整心態，將焦慮視為激勵，有助於提高人們在銷售、談判和公開演說等工作上的表現。

而且，心態的轉變和伴隨的身體變化，也許也決定了你會在60歲時因壓力引起心臟病發作，還是能健康活到90歲。

> 我們的目標不是試圖擺脫壓力，而是改善你與壓力的關係。

想改善與壓力的關係，其中一項重要方法是，**提醒自己壓力存在的正向特權、意義和情境**。創業、參加比賽或撫育後代等目標遠大的壓力，相較於低薪的產線工人面臨不提高產量就被解雇的威脅，兩者的區別就在於我們如何看待壓力。我們視自願、有意義且高度自主的壓力為一種特權；反之，強制、無意義且低度自主的壓力感覺更像是心理折磨。

「這只是聖母峰上又一個寒冷、漆黑的夜晚。」過去五年

來，每每在最艱辛的時刻，我總會自然而然地重複這句話，重新提醒自己壓力的來源和背景。

登山者決心攀登聖母峰時，不會天真地期待一趟平順的旅程。同理，創業、攻讀大學學位或撫養小孩也是如此：這些事都會帶來壓力、緊張和痛苦，但由於這種壓力主觀上是值得的，所以感受也大為不同。而且我敢說，甚至是令人愉悅的。

當人忘了壓力的來源和背景時，最易感覺自己是壓力的受害者。人生中最有意義的挑戰往往伴隨著一些艱難時刻，就像在聖母峰度過的漆黑夜晚一樣。

★ 讓壓力成為你的特權

所幸，我們與壓力的關係是可能改變的。《哈佛商業評論》發表的一項研究結合了心理學多年來的質化和實證研究，並與企業高管、學生、海豹突擊隊和職業運動員合作，發現了採取「壓力是有益的」心態的人工作表現較佳，而且比起負面看待壓力、視壓力為痛苦折磨的人，較少出現不健康的症狀。

我相信，只要改變應對緊張和壓力的方式，將有助於你運用壓力所激發的創造力，同時也能將有害影響降到最低。我採用了《哈佛商業評論》的三步驟實現了這一點，另外加上了自創的最後一步，希望在此與各位分享。

步驟1：正視壓力

意識是主導認知循環的第一步。不要否認、逃避壓力，別受制於它而動彈不得：明確指出壓力來源。此舉會實際改變大腦的反應方式，活化更有意識、更深思熟慮的腦部區域，而不是原始、自發的反射中樞。如《哈佛商業評論》解釋：

「一項研究中，對接受腦部掃描的受試者展示負面情緒的影像。當受試者被要求標示影像所引發的情緒時，神經活動從杏仁核區域（主導情緒產生）轉移到了前額葉皮質，即掌管意識和審慎思考的腦部區域。換句話說，刻意正視壓力有助於中斷本能反應，讓人能選擇更有益的反應方式。」

除此之外，試圖否認或忽視緊張壓力似乎會適得其反。《哈佛商業評論》發表了彼得‧薩洛維（Peter Salovey）及尚恩‧艾科爾（Shawn Achor）的研究，其中顯示，視壓力為折磨並極力避免壓力的人，要不矯枉過正，要不對壓力反應不足；而心態上正面看待壓力的人，「壓力荷爾蒙」皮質醇的濃度較低，表示他們在現實生活中，「面臨壓力時更願意尋求和接受反饋，進而幫助他們長期的學習和成長」。

步驟2：分享壓力

紐約州立大學水牛城分校（University at Buffalo）進行了一項研究，發現生活中每次重大的壓力經驗，都會使成人的死亡

風險增加 30%──除非他們隨後花大量時間與親朋好友或親近團體相處，如此一來，死亡風險就不會提高。

與提供支援的社群分享自己的壓力，會徹底扭轉壓力對我們的心理影響。選擇在壓力下與他人建立連結，會為我們帶來難以置信的抗壓性。

- **步驟 3：定義壓力**

「接受」壓力的關鍵是，認識它所發揮的積極作用及所代表的強大訊號。當事關重大、有利害關係或我們心裡在意時，就會感到壓力。在此情境下，定義你的壓力有助於激發正向的動力，並幫助自己冷靜下來。

這一步是在提醒自己，當下的壓力只是聖母峰上的另一個嚴寒夜晚──但這是你選擇攀登、也值得攀登的一座高山。

前海豹部隊指揮官柯特・克羅寧（Curt Cronin）在海豹部隊訓練中說道：

「領導團隊設計的情境比任何作戰行動都更加壓力重重、混亂且多變，如此一來，受訓的小隊才能學習在最艱困的處境下專心致志。當訓練壓力大到似乎難以負荷時，我們仍可以坦然面對，並接受一切終究是自己的選擇──此時我們就選擇了成為一支能成功執行任何任務的團隊。」這是值得承受的壓力。

· **步驟 4：善用壓力**

面臨外部壓力時，心理壓力可以幫助你成功。從演化上來看，人之所以產生心理壓力，目的就是為了促使你的身心發揮最佳水準，提高表現，以克服即將面臨的情境或問題。人體面對壓力時的反應是分泌腎上腺素和多巴胺等激素，為大腦和身體提供急需的血液和氧氣，讓人能產生更多能量，提高警覺性，專注力也更集中。身體為我們做準備的方式多麼奇妙──不要抗拒它，善用它。

前海豹突擊隊指揮官克羅寧最近表示：「學著去問『這些經歷對我們有何幫助？』，並被迫善用壓力來為自己提供助力，經證明是一項強大工具，可以幫助個人、團隊和組織茁壯成長。壓力不是限制，而是成長的要因。」

正如羅斯福總統的名言，即便失敗也要奮鬥不懈至最後一刻，這遠比那些冷眼旁觀、不敢承擔成敗的人更令人欽佩。

★ 壓力可以救命

本書籌備期間，我訪問了十多位健康專家，探討心理壓力、外部壓力及其對健康的影響。其中反覆出現了一項令人意外的隱憂，可用 10X Health 創辦人蓋瑞・布雷卡（Gary Brecka）的話來總結：

> 「我們正身處安逸的危機之中。我們逃避有益健康的挑戰和困難，讓自己緩慢地在安逸中窒息而亡。過度追求安逸也許會加速老化。」

布雷卡相信，人在生理上會自然茁壯，且天生就能承受適度的壓力。他認為，我們應該體驗極寒和極熱的溫度，而非生活在完美調節的室溫環境裡。同理，我們應該讓身體承受壓力，不該久坐不動。

我訪談的其他健康專家表示，避免身體承受外部壓力的代價，就是現代諸多可預防的疾病，如肥胖危機、心臟病等。

專業、心理和生理壓力往往是我們選擇忽視的特權，因為這些挑戰多半……「很難」。如前述，避免不安是人之常情。

然而，就生活方方面面而言，今日所有的「艱難」都是我們為「輕鬆」的明天所付出的代價。

★ 法則24：把壓力當作特權

壓力不見得總是負面的，正確看待壓力可以讓人充滿動力。正視、接受和善用壓力，使之成為實現事業與生活目標的強大工具。

★ 舒適和輕鬆
短期內看似朋友，
長遠下來卻是你的敵人
若你追求成長，
選擇迎接挑戰。

Law #25

從「失敗」的角度思考

> ✱ 此法則闡述我所謂「負面思考」的神奇力量，以及它如何幫助你察覺危險訊號、未來風險和任何阻礙你成功的因素。

根據我的經驗，有一個問題比其他任何提問更能避免財務損失、浪費時間和資源，但由於它會引發人內心的不安，所以常常受到忽略。我也是經由一連串的失敗、挫折和錯誤之後，才意識到這個問題的重要性。

迴避此問題將讓你處於危險的境地，好比把頭埋進沙裡的鴕鳥，正如〔法則23〕所示。無論你問不問這個問題，最終都會找到答案——也許是現在，透過不太舒服的對話獲得解答；要不就是在將來以更慘痛的方式揭曉。

2013年，當時我年方十八，透過了慘痛教訓體認到這個問題的價值。

我原本打算建立一個名為「Wallpark」的網路學生平臺。這項計畫歷經三年的辛酸血汗，投注了投資人大筆資金之後，最

後以失敗收場。

俗話說，千金難買早知道，事後回想，我失敗的原因顯而易見——我完全沒有意識到自己在與臉書（Facebook）競爭，我打的是一場毫無勝算的仗。

不過問題在於，我其實無需等到事後才有此領悟，也不需經歷失敗才認清這一點。倘若當初我能有足夠虛心、經驗和勇氣，誠實地問自己一個直截了當的問題，相信定能避免時間、金錢和精力的損失。

> 關鍵問題就是：『這個主意為何會失敗？』

這個問題看似簡單明瞭且顯而易見，但我針對一千多名新創公司創辦人進行調查時，結果令人驚訝：只有6%的人宣稱他們清楚自己的想法為何可能失敗，而且高達87%的人則是知道自己的想法為何會成功。

現實情況是，多數新創公司最終都會失敗。當它們像我一樣以失敗告終時，創辦人似乎突然看清了顯見的問題——大多數人將失敗歸咎於高估前景和低估風險。

例如，根據美國小型企業管理局（Small Business Administration）的資料：52%創業失敗的人承認自己低估了

成功所需的資源；42% 的創辦人承認沒有意識到市場不需要他們的產品；19% 的創辦人承認自己低估了競爭對手。

我堅信，這些功敗垂成的新創企業創辦人在踏上創業之路前，最該不諱言地問自己和同事的關鍵問題就是：「這個主意為何會失敗？」醫生和病患都可以證明，預防勝於治療。商場上，若不在一開始前就先虛心面對失敗的可能，就沒有預防的機會。

我們之所以迴避討論這個問題，甚至不去考慮失敗的可能，主要有五大原因。諸多研究反覆證明，下列五種心理偏誤也許妨礙了你和你的團隊提出這個看似簡單卻至關重要的問題：

1. 樂觀偏誤

沙羅特教授告訴我，約 80% 的人具有樂觀偏誤。簡而言之，此種偏誤讓我們專注於好事，忽略壞事。它阻止了我自問：「為何 Wallpark 會失敗？」因為我打從心底相信且希望事情會有好的結果。有人相信，樂觀偏誤為我們帶來演化上的優勢——樂觀有助於我們承擔更多生存風險、探索新環境、尋找新資源，但在事業上，樂觀也阻止了我們充分考量潛在的風險。

2. 確認偏誤

所有人或多或少都有確認偏誤。此種偏誤會讓我們注意支持既有想法和假設的資訊——它讓我一心接收證明「Wallpark 是

好主意」的資訊，並忽略了所有與此相悖的數據、電子郵件和反饋。研究顯示，確認偏誤讓我們感受到一致、連貫和正確的世界觀，幫助強化自我，賦予我們情感的撫慰。

3. 自利偏誤

此種偏誤程度不一地影響了大多數的人，讓我們相信個人成敗是由自己的技能和努力所造成。自利偏誤的確阻止了我思考為何 Wallpark 會失敗的問題，它讓我高估了本身的能力，同時低估了外部因素的影響，例如：市場狀況、競爭或其他不可預見的情況。

4. 沉沒成本謬誤

即便有證據顯示某個決定很糟糕，但沉沒成本謬誤會讓我們一直堅持，原因是我們已經為此投注了時間或成本。這正是為何 Wallpark 撐了三年而不是一年的原因——我下意識地不想因退出而「浪費」或「損失」投入的時間和金錢。但堅持下去卻讓我最後浪費了更多時間和金錢。

5. 團體迷思偏誤

此種偏見會阻止團體中的人詢問「這個主意為何會失敗？」，原因在於，他們不想與團體意見有所抵觸。Wallpark 的創辦團隊中，無人質疑過這個想法是否會失敗。我們渴望大家團結凝聚，因此可能默許了相同的盲目假設，也為團隊新成員帶來強烈的從眾壓力。

★ 這個問題救了我的生意

2021年，我萌生了大膽的想法。我設想趁著自己的節目「執行長日記」大獲成功之際，推出一個全面的播客網絡。這個野心勃勃的計劃包含了推出大量全新的播客節目，每個都由才華洋溢的知名主持人來主持。我的目標是利用旗下團隊在商業、節目製作和行銷方面的專業，將所有播客節目推向媲美「執行長日記」的熱門程度。

我們在擴展排名第一的播客方面擁有豐富經驗，我的電話簿裡充滿了希望合作製作節目的知名人士，我有一支30人組成的團隊負責「執行長日記」的工作，我有足夠的財力投資這個新事業。

為了實現我的願景，我召集了專門的五人小組，成員皆來自「執行長日記」製作團隊。我們在一年裡，精心規劃整體網絡，與潛在的主持人會面，並尋找合作夥伴。在規劃和籌備過程中，我投入了數十萬美元，加上自己和團隊成員無數小時的時間和精力。

專案進行六個月後，我正式向一家全球最大媒體的負責人發出合作邀請，請他擔任未來播客網絡的執行長。令人欣喜的是，他口頭應允加入，並告訴我，只要我通知他時程，他便會立即請辭。

經過 12 個月的籌劃，最後盤點的日子終於來臨。我必須進行一個重大決策：是否要求新播客網絡的未來執行長辭去現在的高薪工作，加入我們的行列。我深知，此時此刻的抉擇沒有回頭路可走，一旦我下了決定，就無路可退了，我只能全力推出這個大型播客網絡。

在此決定性的時刻，我在商界累積十多年的智慧開始發揮作用。我召集了整個團隊，提出了一個簡單而深刻的提問：「為何這會是個壞主意？」我觀察著大家不安的表情，他們顯然正絞盡腦汁思索這全新的考題：一個他們從未想過的問題。

不一會兒，眾人紛紛表示意見。一名成員指出，我們的人才有限，資源會過於分散，進而危及現有成功的播客業務。另一人則表示，知名主持人不見得可靠，倘若主持人決定離開，我們也許會失去一切。另外有人則表示對財務感到擔憂，以及這可能導致贊助機會減少。有一人則解釋，要複製當初的成功經驗遠比想像中困難，畢竟其中部分源自於運氣、環境和機遇。

等到一連串的邏輯辯證平息，一名成員又把問題丟回給我：「為何你認為這是個壞主意？」

這一刻，我意識到自己潛意識裡長久的隱憂，來自於過去經驗，但我因為心理偏誤而對此視而不見。我的回答很簡單，也很誠實：「因為專注力。」

我解釋，共同的專注力是我們最寶貴的資源。失敗會讓人失焦，原因是動機和信念下滑；但成功更易使人失焦，因為機會、選擇和能力增加。現有專案仍處於關鍵的成長階段，因此，對我們來說，最重要的是專注於現有專案，但這也是最困難的事。我們的專注力、注意力和思考能力有限，難以兼顧多個專案，一心多用很可能帶來嚴重後果。那些淋浴時的想法、凌晨一點的靈光乍現、走廊上的閒談——我們需要所有這些寶貴的時刻，全心投入於現有的播客業務，尋找各種改進的小方法，專注於發揮我們的潛力。

我強調，只要集中全部精力，我們可以實現遠大於任何播客網絡的複利報酬。

數分鐘後，我們全體一致投票決議終止此項專案。

值得注意的是，直到一小時前，房裡所有人都還很支持這項專案，而且躍躍欲試。但一個簡單、令人不安的問題改變了我們的集體思維，引發了關鍵的批判思考，讓我們以再清楚不過的方式看見了計畫的缺陷。

一年後，我可以憑著後見之明自信地說，當初若是一心推出播客網絡，將會是代價高昂的錯誤。我們的團隊可能會力不從心，既有業務將受到影響，2022 年的經濟衰退將嚴重衝擊我們的財務表現。

但我們的專注付出獲得了回報。2022 年，我們的播客節目觀眾群成長了 900%，收入增加了 300% 以上。

在商業世界中，像我們這樣的經營團隊常花費數月詳細列出一個構想如何和為何成功，但卻**鮮少分配相同程度的時間來檢視這個想法也許行不通的潛在原因**。這正是「為何這是個壞主意？」這個簡單提問的力量所在。

此問題鼓勵我們進行重要的批判思考，揭露上述五種人類先天偏誤所掩蓋的風險和挑戰。我們不僅尋求證據支持自己的想法，也挑戰自己正視構想的缺陷。此舉的目的不是為了尋找放棄的理由，而是秉持著「預防勝於治療」的信念。開始推動專案前先辨識潛在議題，讓我們能解決並預防問題，更順利地邁向成功。

★ 事前驗屍法：避免失敗的祕密武器

遺憾的是，人性常常阻止我們防範未然地思考或採取行動，以避免最壞的情況。除非健康受到威脅，否則許多人不會培養健康的習慣，不重視運動和營養；車子沒故障前，我們也經常忽略了汽車定期保養的重要性；除非水滴滴答答地落在頭上，否則我們不會想要更換毀損的屋頂。

驗屍或屍體解剖是醫療專業人員透過檢查屍體來確定死因的

程序。「事前驗屍」是與事後驗屍相反的假設，重點是在死前進行。

「事前驗屍法」（pre-mortem method）是由科學家蓋瑞·克萊恩（Gary Klein）開發的決策技巧，鼓勵團隊在專案開始之前，就先從失敗的角度思考。**事前驗屍法不僅是單純詢問「哪裡可能出錯？」，而是仰賴你想像「患者」（專案）已死，並要求你解釋原因。**

現在，試想我們利用此概念，並將其應用到日常生活和工作中。科學研究顯示，在災難發生前預先進行假想的「解剖」，如此簡單的思想實驗有助於大幅降低失敗的機率。

1989 年一項開創性研究中，研究人員深入探索了事前驗屍法的迷人世界及其對結果預測的影響。受試者被分為兩組：一組借助事前驗屍法之力，設想各種商業、社會和個人事件已經發生，並剖析事件失敗的可能原因。相反地，另一組人只是毫無方向地進行預測。

採用事前驗屍法的族群在預測特定情境的結果和判定後果的成因上，展現出明顯較高的準確度。研究發現指出，**提前思索失敗情況，能讓人更深入掌握問題的潛在根源，並主動採取防範措施。**

另外兩所大學的研究人員也在 1989 年進行了另一項實驗，同樣發現了兩組受試者呈現相去甚遠的結果。想像失敗已經發

生的方法雖然簡單，但卻讓人更能準確判定未來結果的成因，準確度提高了 30%！

自 2021 年以來，我在所有公司中落實了事前驗屍法，成果豐碩。下列是我用來部署事前驗屍法的五個步驟：

- **步驟 1：做好準備**
  召集相關團隊成員，並明確說明事前驗屍法的目的。重點在於辨識潛在風險和弱點，而不是為了批評專案或個人。

- **步驟 2：快轉到失敗情境**
  要求團隊設想專案失敗的情況，鼓勵他們盡量鉅細靡遺地想像失敗的情境。

- **步驟 3：集思廣益**
  指導團隊每位成員將內部和外部因素納入考量，獨立列出所有可能導致專案失敗的原因。重要的是，此項工作必須每人各自獨立以書面完成，以避免團體迷思。

- **步驟 4：分享和討論**
  邀請每位團隊成員分享他們設想的失敗原因，維持開放且不具批判的探討，以發掘潛在的風險和挑戰。

- **步驟 5：制定應變計畫**
  大家根據辨識出的風險和挑戰，共同制定應變計畫和策略，以減輕或完全避免潛在危險。

★ 這不僅是商業建議，也是人生建議

事實是，人做出的決定往往不盡理想，也許會被情感蒙蔽、受恐懼影響，或受不安全感左右。我們並不總是以邏輯思考，且充滿偏誤；在做決定時，也總在尋找捷徑。

事前驗屍法的力量不僅限於商業範疇，它在我個人生活各層面上，也一直是有力的決策工具。擁有穩健的決策架構，讓我在人生重大時刻、面對人生重要領域，更能做出有成效且更少缺憾的決定。

下列是事前驗屍法應用於不同情境的方法：

1. 職涯規劃

選擇就業方向時，利用事前驗屍法來設想自己未來幾年，事業上可能經歷的重大挫折或不滿。以回溯的方式找出導致不滿的潛在原因，例如：對工作缺乏熱誠、發展機會有限，或工作與生活失衡等等。

考量這些因素有助於你選擇更合適的職業，或擬定策略來緩解潛在問題。

2. 選擇伴侶

思考長久關係或婚姻時，試想關係失敗或出現不滿的情境。找出關係下滑的可能因素，像是價值觀不合、溝通不良、親密

問題或期待不同等等。

透過主動解決疑慮和尋找危險訊號，可以幫助你在伴侶關係上更明智做出決定，或從一開始就更努力經營關係。

3. 從事大額投資

考慮進行重大投資時，如買房或投資股市，請先設想投資失利導致財務損失的情況，找出造成此結果的潛在原因，例如：市場波動、研究不足或高估本身財務能力。

了解可能的風險之後，你可以做出更明智的決定，進行完整的盡職調查，並採取措施將潛在損失降到最低。

時至今日，放眼所及的社群媒體發言或貼文，似乎都要我們「想像成功」，稱頌「顯化」和「正向思考」的好處。

樂觀無疑是一大優點，正向思考也的確有其益處，但擁抱負面思考、設想失敗情況並制定相應的計劃，同樣能帶來深刻有力的影響。

★ 法則25：從「失敗」的角度思考

大腦的認知結構會本能地引導我們遠離那些令人不安的想法。然而，暫時的逃避往往會讓我們陷入更大的心理折磨。

矛盾的是，不論生活哪個層面，今日令人不舒服的對話溝

通，都是爲了未來更舒適的生活——預防遠勝於治療。

擁抱此種想法的二元性，平衡正面與負面思考，讓我們能更有智慧、堅韌且深明遠見，並朝向更成功之路邁進。

✲
觀察一個人處理
不舒服對話的意願和能力,
就可預測
他在任何領域能否成功。
別讓你的人生,
被一次不舒服的對話給困住。

The Diary Of A CEO

Law #26

價值取決於情境，而非技能。

> 此法則說明你如何透過現有技能獲得加倍的報酬，以及所有價值主要取決於你身處的情境，而非技能本身。

★ 「如果你能幫我們，就付你八百萬美元！」

2020 年，我在歷經十年起起伏伏，成功打造出一家與全球知名廠牌合作的社群媒體行銷公司後，告別了執行長職務，並開啟了一段自我探索之旅。

辭職後不久，我便宣布不再從事行銷工作，我強烈渴望探索不同產業未涉足過的領域。而且，回歸熟悉的社群媒體行銷領域，也不像十年前那樣激發我內心的熱情。更重要的是，我渴望擺脫社會賦予的職業標籤，如律師、會計師、牙醫、社群媒體經理或平面設計師等職稱。我深信這些標籤限制了我們的潛力，最終讓人感到不足。

我懂，標籤猶如捷徑，它們讓我們感到被理解，賦予我們歸屬感，巧妙地讓我們確信自己在這個世上有所目的。儘管如

此，這些標籤也成了專業的枷鎖，扼殺了我們的創造力，限縮了我們的經驗範疇。

27 歲的我還太年輕，不願受限於任何標籤。我唯一願意給自己貼上的標籤就是「具有多樣技能和好奇心的人」。我渴望能為整體社會挑戰貢獻一己之力，而不僅僅是幫助企業提高運動鞋、碳酸飲料或電子產品的銷售量。

就此，我展開了令人興奮的人生新篇章。

結果並不盡然⋯⋯

一直以來，我對全球心理健康危機、其成因和潛在解決方案都十分著迷、關切且深感興趣。

我辭職的 2020 年，新冠肺炎疫情迫使全球陷入封城狀態，許多人心裡惶惶不安，心理健康也成為了社會各界的討論焦點。由於有了大把時間，我開啟了一場數位冒險，在網路上探索各類與心理健康相關的有趣主題，其中最吸引我的就是迷幻藥的世界。

我閱讀了多不勝數的研究論文、臨床試驗和網路文章，主要關於特定迷幻藥物在治療人類精神健康疾病方面的功效。這些化合物的科學研究和未開發的潛力令我震懾不已。

人生有時會出現難以言喻的緣分、機遇或看似上天安排的時刻，我接下來要講述的故事肯定是其中之一。

就在我深入探尋迷幻藥的世界幾天後，我收到了工作上的熟人發來訊息，他詢問：「嘿，史蒂文，能幫我轉發一下這條推文嗎？」

我大吃一驚，他發來的連結是一家迷幻藥公司 IPO（首次公開發行－股票發行）的新聞報導，而我最近一直在研究這家公司！於是，我回覆他：「我過去幾週一直在研究這家公司，對它很感興趣，你參與其中嗎？」他回答：「我是最大股東，現在手邊還有一個類似計畫在進行，你有興趣的話，希望你能來幫我們做行銷！」

我回他：「我們找時間聊聊吧。」於是，我們當週便安排了午餐會議。我僅僅花了數小時了解他們的公司使命、與高層團隊會面，並參觀他們的工作內容後，心底便篤定自己想成為他們的一份子。

這家公司屬於「生技」產業，其中不乏一些在實驗室裡穿著白色長袍的聰明人，可謂人才濟濟，但卻少有善於打造動人故事的頂尖行銷人才，也難以在現代數位平臺上引發公眾話題。

為了成功進行即將到來的 IPO，這家公司深知他們需要利用所有可用的社群媒體平臺，向大型機構投資人和社會大眾有效傳達他們恰逢其時的文化使命。

該公司希望 IPO 能籌集數十億美元，有鑑於此，有效或無效的敘事和行銷也許會決定其估值高低。

我正好擁有他們需要的專業知識。

我擁有跨數位平臺的經驗，而且幾乎與各行各業的知名品牌都合作過，可說是幫助他們克服行銷挑戰的不二人選。我們會面一週後，我提議在 IPO 前九個月加入該公司。

我的職責將包括制定行銷策略、定義品牌、籌組長期行銷團隊、建立團隊理念，以及離開前為所有行銷工作打下基礎。他們接受了我的提議，並承諾隔天發出聘書。

說實話，我加入他們的動機並不是為了錢。真要說的話，是因為我日益相信迷幻藥的力量，所以希望投資這家公司。我想投身科學領域，希望與生技產業最優秀的先驅一同共事，以充實我的知識桶子，滿足我的好奇心，同時也有助於決定下一步的事業方向。

第二天，我醒來時收到了一封來自這家公司的電子郵件，主旨為「薪酬方案」。我在閱讀內容時，難以置信地瞇起了眼睛。除了月薪之外，他們還提供我潛在價值高達六百至八百萬美元的股票選擇權，讓我帶領他們的行銷工作九個月，直到公司上市。這個條件超乎我預期十倍以上。

這一刻，我學到了四個關於技能價值的深遠事理。

1. 技能沒有固有價值

我們的技能一文不值。正如常言道，價值端看他人願意付出多少代價。

2. 技能的價值取決於所需的情境

每項技能在不同產業都有不同價值。

3. 技能感覺越稀有，人們越看重

在生技產業，我精通的社群媒體和行銷技能有如未經雕琢的鑽石，相當稀有，因此生技公司十分樂於支付高薪。

然而，當我在先前職務向電商、消費品或科技業等產業出售相同技能時，技能的感知價值明顯下滑，原因是我的技能在這些環境下更為常見，意味著我能收取的費用只有生技客戶願意支付的十分之一。

4. 人們評估技能價值的方式，主要根據他們認為你的技能所能創造的價值

這家生技公司首次公開發行有機會籌集數十億美元，在利害關係如此高的情境底下，我的技能對於公司估值高低事關重大，他們自然願意為如此重大的影響付出相應的費用。

回顧先前職涯，我意識到，我使用相同技能來行銷洋裝、T恤和配件等消費品時，為客戶創造的財務報酬比起這家生技公司的潛在報酬，可說是小巫見大巫，過去收到的費用自然相對微薄。

★ ★ ★

事實是，關於你所獲得的報酬，銷售技能的「市場」將比「技能」本身影響更大。儘管寫作的核心技能相同，但技術寫作或醫藥編輯的薪資遠高於媒體和出版業的作家。

從事金融或顧問工作的資料分析師與學術界或政府單位的資料分析師，即便同樣都從事數據分析工作，但前者的收入高於後者。

人工智慧、資安或金融科技等高需求產業的軟體開發人員和程式設計師，即便同樣使用程式語言，薪資比從事傳統資訊科技工作或網頁開發的人員高。

儘管專案管理的基本技能相同，但科技業的專案經理薪水遠高於藝術、教育或社會服務領域的專案經理。

製藥、醫療器材或不動產等高價值產業的業務人員，透過佣金和獎金獲得的收入，遠比零售或消費品業的銷售員高出許多，但兩者同樣需要基本的銷售技能。

娛樂、體育或奢侈品品牌的公關人員即使運用相同的公關管理技能，也可能比在非營利組織、醫療保健或教育機構工作的公關人員收入更高。

同為攝影師，從事時尚、廣告或商業攝影相較於新聞或婚紗攝影，即便基本技能十分相似，但前者可收取更高費用。

人資儘管都從事招聘、培訓和福利管理等工作，但任職於科技或金融等高營收和成長產業的專員，收入通常高於非營利組織或公部門的同行。

金融分析師即使應用相同的財務分析技巧和知識，在投資銀行、私募基金或創投工作的收入也可能比任職於企業或政府單位還高。

一般常見的誤解是，獲得加薪的唯一途徑是從現有職務爭取升遷，或在相同產業內謀求類似職位。然而，**更有效且潛在報酬更大的方式，也許是將個人技能移植到全新的情境（即不同產業），為雇主帶來更大價值**。如此一來，你目前的技能也許會被視為更稀有的商品，價值也水漲船高，進而提高你本身的價值。

情境影響價值感知最明顯的例子，也許是《華盛頓郵報》在 2007 年進行的一項社會實驗。此項實驗主要希望探究人們在日常生活的意外情境下，如何感知和評價才華與藝術。

某個熙熙攘攘的一月早晨，國際知名小提琴家約夏‧貝爾（Joshua Bell）身著普通服裝，喬裝成街頭藝人，出現在華盛頓特區的地鐵站。他演奏了約 45 分鐘，用他的史特拉迪瓦里琴（Stradivarius）演奏了六首古典樂曲，這把小提琴當時價值 350 萬美元。

儘管貝爾才華卓絕，且技巧精湛地演奏著美妙音樂，但當天經過的數千名通勤者，少有人停下腳步來聆聽或欣賞他的演出。在他的表演過程中，只有七個人停下來聽了至少一分鐘，貝爾只賺了 52.17 美元──比起他在全球最負盛名的音樂廳演出時每分鐘數千美元的收入，可說是天差地遠。

這則故事突顯了人在特定情境下經常忽略事物的價值，也引發眾人質疑我們能否在日常生活中真正欣賞和獎勵人才。

此例正好可類比我的職涯。我先前一直在地鐵站推銷我的技能，但我只是將同樣的技能搬到了有名的音樂廳，收入就增加了十倍。

2021 年，我與一名摯友分享了這個故事與我從中獲得的啟示，這位好友當時事業陷入僵局，厭倦了總是付不起房貸，但又似乎天天都在工作。他那時從事平面設計工作，在曼徹斯特設計夜店傳單和當地企業商標，每張圖收費約在 100 至 200 英鎊之間，平均年收入約為 3.5 萬英鎊。我們談話過後幾週，他下了一個大膽決定，要到新環境出售他的技能。於是，他搬到了杜拜，並重新定位他的設計服務，著重於奢侈品牌和區塊鏈科技公司。

他在杜拜的第一年，就賺進了 45 萬英鎊的收入；2023 年，他與新合夥人的收入合計預期將超過 120 萬英鎊。

同樣的平面設計技能，僅是在不同情境下出售，收入便高出了 30 倍。

★ 法則26：價值取決於情境，而非技能

不同的市場將對你的技能賦予不同價值。比起你的技能較司空見慣的產業，若雇主或客戶認為你的專業能力很罕見或獨特時，他們會願意支付更高費用。關鍵在於情境——你可以向不同產業提供相同的技能，藉此大幅提升潛在收入。

☆「想成為業界的頂尖好手，
你不需要在任何事情上勝出，
只需要擁有各種
罕見且互補的技能——
你所屬產業看重、
且競爭對手缺乏的技能。

The Diary Of A CEO

Law #27

紀律是成功的終極祕訣！

> *此條法則教你如何透過簡單的「紀律方程式」，有紀律地完成下決心要做的事，並說明為何紀律是實現任何抱負的終極祕訣。

本章也許是本書讀來最令人不舒服的幾頁。

我今年 30 歲，這表示若我有幸活到目前（美國）平均壽命約 77 歲，那我的人生只剩下 17,228 天了，這也意味著我已經在世上度過了 10,950 天，而且時光不可能倒流。下表顯示的是，若可以活到（美國）平均壽命，你目前還剩下的時間，以及你已經度過了多少天。

年齡（年）	度過的日子	餘生的日子
5	1,825	26,315
10	3,650	24,455
15	5,475	22,630
20	7,300	20,805
25	9,125	18,980
30	10,950	17,228

年齡（年）	度過的日子	餘生的日子
35	12,775	15,403
40	14,600	13,650
45	16,425	11,825
50	18,250	10,073
55	20,075	8,248
60	21,900	6,570
65	23,725	4,745
70	25,550	3,131
75	27,375	1,306

對多數人而言，面對死亡的現實讓人感到不安。正如我在我的第一本書《快樂性感的百萬富翁》（Happy Sexy Millionaire）所詳細描述，人生在世，我們似乎天生對死亡避而不談，將其視為禁忌話題，彷彿維多利亞時代的性議題一樣。我們似乎認為，死亡是只會發生在他人身上的悲劇，缺乏面對個人生命有限的力量，直到不幸的診斷迫使我們不得不面對為止。

我真誠地相信，世上有許多事是人類心智難以真正理解的：其中之一就是我們有多微不足道（雖然生活中各種接觸都會誘使我們高估日常事物的重要性）；另一件事就是，人終將一死。沒錯，邏輯上來說，我們都曉得死亡是怎麼一回事，我們見過

它發生在寵物、親人和其他人身上,但若你仔細觀察自己關注哪些事物、如何對待他人、如何累積財富、擔心哪些問題,就會發現我們都高估了自己的重要性,而且內心深處似乎都相信自己會永垂不朽。

科學家長久以來認為,身為人類,我們難以理解「無限」的概念,但也許我們對於「有限」和「人生旅程終有盡頭」的事實也同樣盲目。

我們與生俱來認定生命將永遠繼續,很可能是演化而來的心理機制,以減輕焦慮、鼓勵前瞻性思維,最終提高我們的生存機會。基本上,如果人類時時意識到自己的生命有限,也許很容易陷入令人癱瘓的焦慮之中,難以專注於其他重要任務,例如確保食物和住所等維生所需的資源。

然而,我們生活在步調飛快的現代數位世界,不斷受到各種刺激的轟炸,新聞、社群媒體、電子郵件和無數的推播通知等刺激,常讓我們庸人自擾、擔心未來,執迷於無意義、令人分心的事物,人際關係變得疏離,且時時刻刻懷著不安。

也許對抗這種現代疾病的解藥,在於接受人生有限的事實。**一旦正視了生命的本質是有限的時間之後,我們就能優先考慮真正重要的人事物,放下不重要的事**,培養自己冷靜面對生命的急迫,幫助我們專注於更充實、更真實、更符合自己重要價值觀的生活。

在此，我想借用一下各位的想像力。試想，你夜半在朋友的公寓裡醒來，那是一棟二十層樓高的舊大廈，你聽到尖叫聲，還聞到煙味。想像你跌跌撞撞地走到門口試圖逃跑，卻發現門被鎖著，然後你意識到窗戶也鎖住了，沒有任何出路。試想你最終被火焰吞噬，失去知覺、葬身火場。

2004年的一項研究中，研究人員要求一組人具體想像上述情境，然後回答相關問題時，他們發現受試者的感恩程度飆升。經歷這些「死亡反思」練習的人表示，他們對生活的滿意度更高，更渴望與親人共度時光，更有動力實現有意義的目標，更友善、慷慨，並且更願意與他人合作。相較於對照組，他們的焦慮和壓力程度也較低。

你難逃一死，在煩擾、喧鬧且複雜的現代世界，若能有此體悟，將讓人感到療癒、釋放，也是專注於另一項重要事實的絕佳方式——那就是你的時間以及你選擇如何使用它，將是你對這個世界唯一的影響。

你的時間分配將決定畢生事業的成敗，你是否會健康快樂？你是否會成為良好的伴侶、丈夫、妻子或父母？我們的時間以及如何分配時間，是個人影響力的核心。

先前我說過，人類難以理解諸如有限、無限和自身微不足道等抽象概念，但我們也無法理解時間本身。時間在無形之中悄悄流逝，為了讓我們對時間能有所感知，進而珍惜時間，我自創了一個心理模型，每日我辦公桌上的幸運輪盤小時鐘都會提醒我進行反思。我將此心理模型稱為「時間籌碼」（time betting）。

★ 時間的賭徒

我們都是站在人生輪盤賭桌前的賭徒。在這場人生賭局中，我們持有的籌碼數等於餘生的時間（以小時計）。所以，我是個 30 歲的人，可能持有約 40 萬枚籌碼，但我不確定，無人可以確定，我也許只剩下一枚籌碼，也可能有 50 萬枚。

遊戲規則是，我們必須每小時放置一個籌碼，而且一旦放置了籌碼，便永遠拿不回來。輪盤隨時都在轉，我們如何下注決定了將從生活獲得什麼樣的獎勵。

我們可以隨心所欲地放置籌碼；你可能把籌碼押在看 Netflix、去健身房、烹飪、跳舞、與伴侶共度美好時光、創業、學習技能、養育孩子或遛狗。

將籌碼放在何處是我們在生活中可控的事，對於人生的成功、幸福、人際關係、認知發展、心理健康和遺產也影響重大。

儘管籌碼一旦投入就無法取回，但若你將部分籌碼分配給促進健康的活動，荷官就會多給你一些籌碼。

籌碼用罄時，賭局就會結束。賭局結束後，你無法保留任何贏得的獎勵。

有鑑於此，你應該留意自己試圖下注贏得什麼獎品，最好優先考慮能帶來快樂的事物，而不是「退而求其次」，試圖爭取得不易的獎品，它們通常只會帶來消極、焦慮和錯覺。

假設我確實還有 40 萬枚籌碼，我也許會將其中的 133,333 枚籌碼押在睡眠上；若我使用社群媒體的程度達到平均水準，便會放 50,554 枚籌碼在上面無意識地瀏覽頁面；另外放 30,000 枚籌碼在吃喝，以及 8,333 枚籌碼在浴室。至此，我大約只剩下 20 萬枚籌碼，意味著**我只剩下 20 萬小時或約 8,000 天的時間來實現我的目標、建立關係、成家、追求愛好、旅行、跳舞、學習、運動、遛狗和度過我的餘生。**

我說這些不是為了嚇唬各位。

我之所以這樣說，是為了幫助你意識到，你的每一枚籌碼、你人生的每個小時多麼重要、珍貴和有價值。唯有透過直視日益逼近的死亡，透澈體認人生的時間寶貴，才能促使我們以明確的意圖來置放所擁有的每一枚籌碼。別無意識地讓數位、社交和心理上的干擾從你手中奪走這些時間，仔細思量，小心翼翼地安排時間，將時間花在真正重要的事物上。

賈伯斯 50 歲時發表了有史以來收視率最高的大學畢業演說。演講接近尾聲時，他說：

「提醒自己是個將死之人，是幫助我做出人生重大決定的最佳工具。」

賈伯斯在抗癌勝利後（雖然他最終在 2011 年仍不敵癌症離世），持續主張「死亡也許是生命最偉大的發明」。他相信，死亡的必然性能鼓舞個人去追求夢想、冒險，並規劃自己的人生道路。他提醒並懇請學子們，光陰有限，別浪費時間去照他人的意思過活。

賈伯斯能給那些年輕、易受影響的大學畢業生無數提點，但他在面對自己的死亡之後，深感最重要的一點就是提醒他們人生無常。

★ 紀律方程式

我在撰寫這條法則時，曾考慮分享一些時間管理策略、技巧或訣竅，諸如此類的方法不勝枚舉，像是番茄工作法、時間段法（time blocking）、兩分鐘原則、艾森豪矩陣、ABCDE 法、艾維李時間管理法（The Ivy Lee Method）、批次處理法、看

板方法、一分鐘待辦清單法、1-3-5 專注法則、時間匣規劃法（time boxing）、宋飛方法（Seinfeld Strategy）、四 D 時間管理法、兩小時解決方案、行動力法等等。

事實是，坊間之所以有如此多時間管理「方法」、「技巧」或「策略」，道理與流行的節食法一樣，因為坦白說，其實根本沒有真正能解決問題的方法，沒有任何時間管理系統、終止拖延的方法或生產力技巧，可提供讓你堅持到底、做出正確決定，並專注於長遠目標所需的基本要件——紀律。

有紀律的話，任何可用的方法、技巧或訣竅都會奏效；若缺乏紀律，縱然有數百種方法都不管用。

所以，與其提供你缺乏紀律就難以堅持的生產力提升「方法」，我們倒不如來談談紀律。

> 對我而言，紀律是不受動機高低的影響，透過自制、延遲享樂和持之以恆，不斷致力於實現目標。

維持長期紀律可能涉及多方心理因素，並受到個人特質、心態、情緒調節和環境因素等綜合影響。

然而，當我回顧生活多年來一直有紀律維持的重要領域，包含我的健康和健身計畫、事業、戀愛，甚至家庭關係，我發現

了紀律具有三大核心要素，即我所謂的「紀律方程式」：

1. 實現目標對你的感知價值。

2. 你心裡認為追求目標的過程有多值得和誘人？

3. 你心裡認為追求目標的過程要付出多大代價或多無趣？

★ 紀律＝目標的價值＋追求目標的報酬－追求目標的代價

讓我以從事 DJ 為例。過去 12 個月，我一直在學習 DJ。我每週練習 5 次，每次 1 小時，我在過去 12 個月裡一直如此努力不懈。

1. 目標的價值

我真的很想成為 DJ，並製作自己的歌曲。我熱愛音樂，我喜歡 DJ 這門藝術；而且從我第一次在廚房對著六名同事演出，隨後又在三千人的銳舞派對上表演，我就愛上了現場音樂讓我和一屋子的人一起享受的驚奇感。

2. 追求目標的報酬

每週下載新音樂，挑戰以新方式混合音樂，並進入充滿療癒的練習狀態，為我在心理上帶來難以言喻的滿足。而且感覺進步激發我更多動力，進步的力量（參見〔法則 31〕）使我非常投入這個過程。

3. 追求目標的代價

練習時間、保持專注所需的精力，以及為了在人前表演而必須忍受的輕微焦慮。

由於目標的價值和過程中的報酬超越了所需付出的代價，所以，無論我的動機有何高低起伏，依然能穩健地維持紀律。

★ 如何影響你的紀律方程式

由於無知、缺乏安全感和不成熟，我在青少年晚期和成年初期，只一昧地追求金錢、社會地位和情愛關係。成年之後，我們往往會想從年輕時的負面情感或體驗中尋求肯定。至少對我來說正是如此。

我是否意識到自己的行為受到不安全感的驅策？我絲毫未覺，其實我根本算不上被「驅策」，而是被拖著走。我是否了解自己實際追求的目標？一點也不。我深信財富、成功和外部肯定是我的目標，但其實心底深處是希望能消除我根深蒂固的不安全感和童年的恥辱。我不曉得是什麼在拖著我，我也不知道自己被拖到何處。

我猜想，本書大多數讀者都是這種情況。我懷疑各位之中，有許多人並不真正、確實且根本地清楚自己的目標為何，以及這些目標對你真正的意義。

確立紀律方程式的第一個因子，即實現目標對你的感知價值，你必須清楚透澈地了解自己的目標為何，並在內心深處確知為何實現這個目標對你而言至關重要。這樣做有助於建立系統和提示，持續在過程中提醒你目標的價值。

這正是視覺化（visualisation）經科學證明具有強大影響力之處。一旦我們能看見自己在某處，並將此處想成一個好地方，到達此處的感知價值（因子一）就會增加。

一般人平均每天花在手機上的時間為 3.15 小時；我則是每天超過 5 個小時，所以，我將手機桌布換成了視覺化的情緒板（mood board）。若你每天盯著手機螢幕 3 小時，那使用能強化生活目標感知價值的桌布，無形之中可以產生巨大的影響。

紀律方程式的第二個因子，即追求目標的報酬有多吸引人。你必須盡其所能享受過程，並採用心理策略來維持高度參與。

我已經連續三年堅持每週去健身房六天。除了每次訓練時，身體自然分泌的多巴胺帶給我獎勵之外，我還特意建立了問責制和遊戲化系統，盡可能地提高自己對過程的參與度。

我建立了名為「健身區塊鏈」的 WhatsApp 群組，包含了我十位朋友和同事，我們每天都會將穿戴式健身追蹤器上的訓練記錄截圖傳到群組。月底時，最不常去健身的人會被踢出去，並透過抽籤加入一名新人；前三名最持續去健身的人會獲頒金牌、銀牌和銅牌並獲得積分，這些積分會被加到我們的聯賽積

分榜上。

日常對話、月底的頒獎典禮、圈內笑話、人際交流、風險和競爭都幫助建立了所謂的社會契約，即個人之間的共同協議，支持並要求彼此負責實現自己的目標。此種遊戲化的方式結合了獎勵、積分和挑戰等類似遊戲的元素，經科學證實有助於增加責任感和樂趣，進而提高過程的參與度。

此種方式不僅讓過程更有趣且引人入勝（因子二），還能使目標本身（變得更強壯健康）更有價值（因子一），原因是現在我不僅能贏得虛構的冠軍頭銜，還可以愉快地向好友炫耀好幾個月。

想維持長期的紀律，你必須竭盡所能地縮限與實現目標相關的心理摩擦和實質障礙，而這就是紀律方程式的第三個因子（追求目標的心理成本）發揮影響之處。

任何讓過程打從心底感覺不太愉悅的因素都會增加追求目標的感知成本，像是看來太難、太複雜、太多負面回饋、太不公平、太耗時、太耗財、太可怕、太不自由、太孤立或太難看到進展等，這些都會影響你有紀律地實現目標。

開始學習 DJ 時，我意識到，盡量降低練習的障礙和成本，將有助於我更有紀律的持續練習。有鑑於此，以及〔法則 08〕所強調提示對於習慣養成的影響力，整整一年，我將 DJ 器材架設在廚房桌上，一眼就能看見，而且確保我只需按一個

按鈕就能打開整個系統，並開始練習。

倘若器材被收起來，而且每次都需要 20 分鐘來架設，或甚至是架在我不常看見的空房裡，我十分肯定自己的紀律會有所動搖。過程中的感知摩擦會造成負擔，降低實現目標的機會。因此，你必須努力消除任何過程中會增加心理成本，和／或使你失去興趣的因素。

請記住：**紀律＝目標的價值＋追求目標的報酬－追求目標的代價。**

「我們不必比別人聰明，只需比別人更有紀律。」

——華倫・巴菲特

★ 法則27：紀律是成功的終極祕訣！

成功並不複雜，它沒有魔法、也不神祕。運氣、機會和財富也許有助於你行事更順利，但其餘都取決於你選擇如何利用時間。關鍵在於找到吸引自己能每天堅持的事物，以及足以引起深刻共鳴、讓我們能堅定追求的目標。成功是紀律的體現——雖然不易，但其箇中道理非常簡單。

☆ 慎選將時間花在哪裡，
以及與誰度過，
是對自己最大的尊重。

The Diary Of A CEO

支柱

4

熟習團隊合作

THE TEAM

Law #28

與其親力親為，不如知人善任

> ∗ 此法則展示了如何輕鬆打造出色的公司、專案或組織，而且無需自己學更多或做更多。

　　桌子另一端坐著理查‧布蘭森（Richard Branson），他是聞名全球的企業家、冒險家、太空旅行者和維珍集團（Virgin Group）創辦人。我前往曼哈頓市中心參加了一部人生紀錄片的獨家放映會，隔日，我和布蘭森約了兩小時進行「執行長日記」的採訪。以下是他告訴我的故事：

　　我有閱讀障礙，求學時表現很差，我想自己可能有點笨。我只會加減法，但涉及更複雜的算式時，我就不行了。

　　50歲時，我在董事會上問董事們，這是好消息還是壞消息？其中一位董事回答：「理查，我們到外面一下。」我走出會議室，他問道：「你不曉得淨利和毛利有何差別，對嗎？」

　　我回答：「對。」

　　他說：「我就知道。」然後，他拿出了一張紙和色筆，將紙塗成藍色。接著他在上面放了一張漁網，然後在漁網裡放了一

條小魚。他指出：「所以，漁網裡的魚就是年終的獲利，而其餘部分的海洋就是總收入。」我回答：「我明白了。」

說實話，這真的不重要。**對公司經營者來說，重點在於你能否打造業界一流的公司？加加減減的工作可以由別人來做，會算術自然有幫助，但如果不會，我也不至於太擔心，總可以找其他有能力的人來做。**

我只是很懂得用人，而且能信任他人。我身邊都是一群優秀人才，這就是閱讀障礙的好處，我別無選擇，只能授權。

我目瞪口呆地坐著，聽到一名坐擁數十億財富、旗下 40 家公司、員工 7.1 萬名、集團年營收 240 億美元的明星企業家，告訴我他書讀不好，而且算術很差，但這「真的不重要」。這真是令人倍感放心、鼓舞和振奮。

聽到布蘭森的告白，我高興極了，不僅因為這番話既人性又誠實，還有它讓我不再覺得自己像個騙子！我 22 歲生日時，所創辦的公司營業額已高達數億美元，全球僱用了數百名員工，我大半時間都在歐陸、英國和美國的辦事處之間往返。但是內心深處，我一直有股揮之不去的感覺，覺得自己不是真正的執行長，因為我不擅長數學、拼寫或企業經營多數的營運工作。過去十年，我把精力集中在打造最棒的產品上，並且把我不愛做和做不來的事（通常是同一件事）委託給更有能力、經

驗和自信的人。

這招對我一直很管用，我老早就放棄成為自己不擅長和不喜歡之事的專家，但此種觀點與我從商學院、創業書籍和談成功的部落格所聽到的建議不同；這些建議通常主張你必須精通十八般武藝才能成功。

我在倫敦家中採訪了喜劇演員吉米・卡爾（Jimmy Carr），他以機智幽默的言談支持了我的觀點：

「我認為，學校也許幫我們上了錯誤的一課。學校教我們平庸與全能的觀念。然而，我們生活的世界並不獎勵全能，誰在乎全能的人？如果你物理得了 D，英文得了 A，就去上英文課吧⋯⋯『我們會讓你的物理成績達到 C』⋯⋯我說這個世界最不需要什麼──就是物理很差勁的人！所以，找出你的天賦、你最擅長的事，然後全力以赴！」

吉米的這番話似乎完美概括了我過去十年所遵循的策略。正如我 31% 的學校出缺勤和隨後被退學的事實所證明，**我真的不擅長做自己不感興趣的事，而這點已被證明是種超能力，原因是它讓我能在自己擅長且喜愛的事情上加倍努力。**

在商界，尤其是如果你夢想建立一家大型企業，重點不在於學習做事，而是要知道誰能為你做事。做生意主要關於人，無論有無意識，每家公司都只是人才招聘公司。外界對於所有執

行長和創辦人的評判，都取決於他們能否：(1). 聘任最優秀的人才；(2). 以企業文化凝聚人才，激發他們最大的潛力，產生驚人的綜效，實現 1 + 1 = 3。假設我聘請了 16 歲的布蘭森，並創造一種文化，讓他能充分發揮才能，我手上就會有一家價值 200 億美元的公司。

創辦人往往會太高估自己的重要性，尤其是缺乏經驗的創辦人，他們會陷入思維的陷阱，認為自己的成就單憑本身的才華、想法和技能來決定。

> 事實上，你最終的成就將取決於你所聚集的團隊和所匯聚的聰明才智、想法和執行力。每一個偉大的構想、你創造的一切、你的行銷、產品和策略，所有一切都將來自於你任用的人。

你是一家人資公司，這是你的優先要務，意識到這一點的創辦人才能打造出改變世界的公司。

「我認為，與我位階相同的管理者，最重要的工作就是招募人才。我們總是為了招聘而苦惱。但我的成功絕大部分源自於找到真正才華洋溢的人，不屈就於次級的人才，而是尋求真正的傑出人士。雇用聰明人然後指示他們怎麼做，這點毫無道理；我們用聰明人，是因為他們可以告訴我們該做什麼。」

——史蒂夫・賈伯斯

★ 法則28：與其親力親為，不如知人善任

我們需要完成某件事時，會習慣性地自問：「我該如何做？」然而，全球首屈一指的創辦人問得比我們更好，那就是：「誰是為我完成這件事的最佳人選？」

*你的自尊會要你親力而為，

但你的潛力會要你懂得知人善任。

Law #29

營造「邪教般」的心態

✱ 此法則闡述在團隊、企業或組織內建立優良文化的祕訣。

「經營新創公司應該像邪教一樣。」

——彼得・提爾（Peter Thiel），PayPal 共同創辦人

是否想過「盲目聽從別人」（drinking the Kool-Aid）這句俚語的出處？

這句話來自一場集體自殺協議：團體迷思的終極表達形式。

吉姆・瓊斯（Jim Jones）是邪教人民聖殿（Peoples Temple）的領袖。1978 年，他洗腦了追隨他的信眾，讓他們相信世界末日即將來臨。有一天，在他的指示下，包含婦女和孩童在內的 900 多名信眾喝下了摻有氰化物的酷愛飲料（Kool-Aid），結束了自己的生命。

★ 企業幾乎不可能完全成為邪教

邪教貪婪腐敗、陰險且善於操縱人心，利用洗腦心理技法來控制教徒。他們的領袖必須要能阻止追隨者獨立思考。相較之下，現代企業在瞬息萬變、難以預測且動盪的世界營運，必須要求各級員工能夠獨立思考。身為現今的領導者，最不樂見的就是缺乏獨立思考能力的員工。

不過，正如詹姆‧柯林斯（Jim Collins）在其暢銷巨作《基業長青》（Built to Last）所指出，員工如邪教般信仰特定價值並沒有什麼錯。柯林斯發現，高瞻遠矚的企業架構師甚至刻意鼓勵這一點，而不純粹仰賴員工的職業操守、想法或能力來執行工作。

邪教是可怕駭人的邪惡組織。他們利用人性的脆弱、不安全感和忠誠來牟利。我絕不是鼓勵各位仿效他們無良、邪惡且迷惑人心的行為。然而，令我著迷和不解的是，一群人如何能為了一項事業、品牌或使命如此投入、忠誠與奉獻，甚至做出重大決定，為此獻出自己的生命。

我曾與諸多全球熱門品牌的執行長訪談，其中有些品牌用他們的話來說，有一些「邪教崇拜般的狂粉」。有些公司則是擁有「邪教般」的企業文化，或在初創時營造一種「邪教心態」。

德裔美籍億萬富翁企業家暨 PayPal 共同創辦人彼得‧提爾

表示：

「每家公司的文化都可以在線性光譜上劃定：最厲害的新創公司也許會被認為是稍微不那麼極端的邪教。不過，兩者最大的區別在於，**邪教往往在重要觀念上錯得離譜，而成功的新創公司員工則是對外界忽略的事有著極端正確的看法。**

為何要和一群互不喜歡的人共事？光是把職場當作一份工作，僅僅基於交易和報酬來參與工作，比漠不關心更糟糕，想來甚至不合理。時間是你最寶貴的資產，因此，將時間花在與沒有共同願景的人合作實在毫無道理。

仔細觀察舊金山人上班穿的 T 恤，會看到他們公司的商標，科技業人士格外在意這些標誌。新創公司的制服體現了一項簡單但重要的原則：公司裡人人都該同中存異，一幫志同道合之士全心全意致力於公司的使命。

最重要的是，別打福利戰爭。任何會因免費洗衣或寵物暫托等福利而動搖的人，對你的團隊都不是好選擇。你只需提供基本的福利，然後承諾他人無法提供的：與優秀人才一同解決獨特問題，如此無可取代的工作機會。」

我們都看過這樣的畫面：一小群人擠在小屋、地下室或公寓，周圍全是電腦，他們正在打造下一家價值數十億美元的大公司。這些人總是看來疲憊不堪、有點營養不良，但卻極度專

注。臉書、亞馬遜、微軟、Google、蘋果都如此起家，這些公司早期都有類似邪教的特質，其創辦人常將他們最終的成功歸功於虔心奉獻、信念和狂熱。

「新創企業的能量猶如參加社運或加入邪教。」

——凱文・斯特羅姆（Kevin Systrom），Instagram 共同創辦人

「我創辦公司時，心裡想著，『誰想加入邪教？這聽來很可怕』。但那正是新創想要的，你想打造一家大家真正熱愛的公司。」

——謝家華（Tony Hsieh），Zappos 前執行長

「你知道，創辦公司有點像邪教——相同的能量、情誼、使命感和目標。」

——伊凡・威廉斯（Evan Williams），推特共同創辦人

★ 建立公司的四個階段

根據我成功創辦十多家新創企業的經驗，加上與數百位成功企業創辦人的談話，我深信最傑出的企業會歷經演化，而且儘管對某些人而言，這聽來也許不太動聽，但它最初的確有如邪教一般。

一般而言，**公司的生命週期會歷經四階段：邪教階段、成長階段、企業階段、衰退階段。**

在邪教或所謂「從無到有」階段，創辦團隊成員的心神通常會被自己夢想的信念、熱情和急切所占據，使他們「不遺餘力」試圖推動珍愛的新創事業起步，犧牲自己的社交生活、人際關係，不幸的是，甚至還有他們的福祉。

進入成長階段的公司，背後常是一片混亂。員工工作過度、資源不足，而且往往經驗不夠。他們缺乏因應成長所需的系統、流程或人員，但感覺自己彷彿身處一艘通往美好未來的太空船上，所以無論如何，他們都懷著極大的興奮、恐懼和希望堅守著這艘船。

到了企業階段，公司的人員穩定。他們的生活往往較為平衡，員工留任率提高，期望、流程和系統也獲得明確定義。

最後的衰退階段是所有公司終究會面臨的課題，通常是因為〔法則 23〕所述的規避風險、自滿和鴕鳥心態。

★ ★ ★

　　成立一家公司時，最重要的決定就是先選出十個人，每個人都代表了十分之一的企業文化、價值和理念，因此，選對這十個人，並用優良的文化將他們凝聚在一起，將永久地定義你的公司。企業文化夠強大時，新人會受到文化影響；反之，若企業文化不夠強大，文化就會受新人左右。你的第十一名員工將在價值觀和理念上與其他十位驚人地相似。

「我發現，當你匯集夠多的頂尖好手，當你費盡心力找到五個無比優秀的能人志士，他們真的很享受與彼此共事，因為過去從未有過這樣的機會，於是，他們不想再與次級人才合作，如此一來，人才招募就成了自發的流程，這些人只想雇用更多一流人才。所以，你先建立起一支頂尖好手的團隊，它便會自然而然地擴展。Mac團隊正是如此，所有人都是第一流的人才。」

──史蒂夫・賈伯斯

最初的十人團隊就是未來百人公司文化的縮影，這便是為何成功企業初創時感覺像個邪教——大家都清楚明瞭自己的價值觀，為共同的事業犧牲奉獻，而且致力於解決問題。

雖然此種邪教心態隨著公司進入後續階段，不免會慢慢減弱，但本質上仍存在一套明確的價值觀，持續影響公司的所作所為。

既然如此，問題來了，邪教的構成要素是什麼？

1. 社群意識與歸屬感

聯合學院（Union College）心理學教授喬許·哈特（Joshua Hart）從事邪教研究，他表示：「邪教提供了意義、使命和歸屬感。他們提供明確且充滿信念的願景，展現出團體的優越性。所以，渴望平靜、歸屬和安全感的追隨者會受到吸引，希望透過加入此類團體來獲得這些感受和自信。」

2. 共同的使命

邪教研究專家茵雅·萊里奇（Janja Lalich）指出：「邪教是共同致力於某種意識形態的團體或運動，他們的意識形態通常偏向極端。」同時，他們也會有明確、共同的身分認同，如果運用在商業場合，這有時是統一的制服（代表公司），有時也可以是商標。

3. 鼓舞人心的領袖

喬許·哈特表示：「至於領袖本身，通常表現得絕對正確、自信且華而不實。他們擁有吸引人的個人魅力。」

4. 敵我心態

邪教往往會有明確的敵人。以邪教「天堂之門」（Heaven's Gate）為例，整個文明和非信徒都是他們的敵人；以商場上而言，敵人通常是業界的競爭對手，也就是其他具競爭使命的團隊。

> 「身處一家新創公司時，你必須相信的第一件事，就是你將改變世界。」
>
> ——馬克·安德森（Marc Andreessen），網景（Netscape）和安德森霍羅維茲（Andreessen Horowitz）共同創辦人

★ 建立企業文化的十個步驟

1. 確立公司的核心價值，並結合公司使命、願景、原則或目的，為組織奠定穩健基礎。
2. 將期望的企業文化融入公司各個層面，包括各部門和職能的招募政策、流程和程序。
3. 針對期許的行為和標準，凝聚所有團隊成員的共識，推動

正向積極的工作環境。
4. 建立公司績效目標以外的宗旨，加深公司與員工的連結。
5. 使用神話、故事、公司特定用語和傳奇，搭配符號和習慣，來強化公司文化，深化集體意識。
6. 培養團隊獨特的身分認同，並在團隊內部建立專屬感和自豪感。
7. 營造慶祝成就、進步和實踐公司文化的氛圍，增強員工的動機與驕傲。
8. 鼓勵團隊成員形成同伴情誼、共同體和歸屬感，促進彼此之間的互依互存和集體的責任感，加強團隊的相互連結。
9. 消除障礙，讓員工能真實表達自我，在組織內安心展現個體性。
10. 強調員工和團隊的特質與貢獻，將此定位為特殊與傑出的表現。

★ 為何長遠來看，不該維持邪教般的企業文化

若想建立長久的事業，光靠邪教般的狂熱並不夠。邪教精神基本上在任何情況下都難以長久，在商業或企業管理方面尤其如此。

邪教心態耗費心神，因此無法有效實現事業和生活的長遠目標。對於任何希望達成長期企業目標的人，最重要的總體原則，是創造永續的公司文化；讓員工能真正投入於他們關心的使命；賦予他們高度的自主權與信任；工作具有足夠的挑戰；人員感受到前進的動力和進步；員工身邊有一群關心且彼此支持的夥伴，讓人樂於共事，並為他們提供「心理安全感」。

　　若你能達成上述內容，就是為自己長遠的成功做好了準備。

⭐ 法則29：營造「邪教般」的心態

新創企業發展初期，邪教般的心態和員工的全心奉獻對公司大有助益，有助於確立企業文化，並激發開展新事業所需的熱情。但隨著公司逐漸成長，邪教心態難以維持，必須有所演變，以實現更長期的目標。

☆ 企業文化若夠強大，
新人就會受文化影響；

企業文化若是薄弱，
文化便會被新人左右。

Law #30

打造優秀團隊的三準繩

> ＊ 此條法則說明世界上最偉大的領袖如何決定組織中要聘用、解雇和晉升誰，以及為何建立團隊時必須以文化為優先。

亞歷克斯·佛格森爵士（Sir Alex Ferguson）被譽為有史以來最偉大的足球總教練。他執教曼聯（Manchester United）的26年間，帶領球隊贏得了38座冠軍獎盃。2013年夏季，佛格森爵士在最後一次贏得英格蘭足球超級聯賽冠軍（Premier League）後，宣布於賽季結束後退休，以71歲高齡結束長久的執教生涯。

1986年，佛格森初加入這支苦苦掙扎的球隊，他表示：「在曼聯，最重要的是就是俱樂部的文化，而俱樂部的文化主要取決於總教練。」他強調，文化和價值觀決定了一支球隊的成敗，而不僅是球員和戰術。佛格森指出，從球員加入球隊的那一刻起，就必須灌輸他們俱樂部的價值觀，而且從球員、教練到工作人員和高層，所有人都必須堅守俱樂部的價值。

帕特里斯·艾夫拉（Patrice Evra）在2006年加入佛格森帶

領的常勝軍曼聯隊。數年前，他告訴我，曼聯簽下他之前，總教練先在法國某個機場會客室與他見了面。

艾夫拉說：「佛格森爵士想與我面對面直接問一個問題。他眼神銳利地直視著我詢問：『你願意為這個俱樂部而死嗎？』我回答：『願意』，他立即伸出手對我說：『孩子，歡迎加入曼聯！』」

佛格森深信，在俱樂部內創造強大、團結的文化，將能讓球隊在場上勝出，並建立長遠、持久的成功。他想得沒錯，佛格森可說是前無古人、後無來者，沒有任何足球教練能像他一樣，如此穩定、始終如一地成功管理球隊。

他的球隊管理哲學有一特點，就是永遠別讓個別球員妨礙球隊的精神、文化或價值。佛格森最為人所知的，就是曾在記者會上說出「沒人比俱樂部更重要」這句話，而且出乎意料地將任何不再體現「曼聯精神」的球員轉隊，無論他們踢得多好、多出名，或他多需要他們。

過去幾年，我採訪了五名前曼聯球員，他們都表示，佛格森最厲害之處，在於他能激勵明星球員持續前進，即便他們處於巔峰狀態時亦是如此。

里奧・費迪南（Rio Ferdinand）對我表示：

「雅普・史譚（Jaap Stam）是當時世界上最好的後衛，佛

格森爵士卻跟他說了「再見」。大衛·貝克漢正處於職業生涯巔峰時，他卻讓他走了！路德·范尼斯特魯伊（Ruud van Nistelrooy）是曼聯的頭號射手，他也把他送出球隊！佛格森總是能先預見一些問題。」

在佛格森的帶領之下，貝克漢是公認歐洲最優秀的右中場。但貝克漢與偶像歌手維多利亞結婚後，狗仔隊成天騷擾，令佛格森感到厭煩。而且，貝克漢在曼徹斯特的人氣飆升，日益成為球隊分心的因素，這與佛格森期許的球隊文化背道而馳。隔年夏天，貝克漢便被交易給了皇家馬德里隊（Real Madrid）。

另外一例是基恩（Keane）。他是曼聯黃金時代的隊長，曾帶領球隊奪下了七次冠軍，並在1999年帶領球隊登頂三冠王（英超、足總盃和歐冠）。但是，他與隊友在訓練場上爆發爭吵，之後又在採訪時批評隊友，最終這名直言不諱的中場球員與佛格森鬧翻，在2005年被賣給了塞爾提克隊（Celtic）。

范尼斯特魯伊是曼聯史上進球最多的球員之一。但當他在賽季最後一場比賽因枯坐板凳而衝出球場後，就再也沒有出現在曼聯隊過。

無論是體育界或商界，一般的經理人或總教練都沒有這樣的勇氣、遠見和信念，來做出如此大膽的關鍵決定：即解雇你最有價值的員工，只因他們挑戰了團隊的文化，畢竟此事相當棘手。但我採訪過的每位真正偉大的體育或企業經理都直覺知

曉，無論多麼天賦極俱的選手或員工，更棘手的是讓一顆「壞蘋果」影響了其他人。

> 「我必須學會最難的事，就是解雇員工。但你必須這樣做，才能維護公司的一體和團隊文化。」
>
> ——理查・布蘭森

73歲的芭芭拉・柯克蘭（Barbara Corcoran）是一名美國女性商人、實境節目《創智贏家》（Shark Tank）投資人、價值數十億美元的紐約不動產帝國創辦人。我與她訪談時，她強調了消除團隊中的「有害影響」多麼重要，以免其他「孩子」（員工）受到感染：

「我總是刻不容緩地解雇那些負能量滿滿且不適任的人。他們毀了我的好孩子，負能量的人總是希望有人和他們一起消極。你必須遠離這些人，我從未容忍任何不符合公司文化且負面的人超過幾個月。這些人就像夜裡的小偷，他們會吸光你的能量，而你最寶貴的資產就是你的能量。」

我事業生涯中最後悔的事，就是猶豫要不要解雇一個我明知

對公司文化有負面影響的人。正如柯克蘭所強調，負能量是會傳染的，這類人會將原本年輕有活力、深具潛力且優秀的團隊成員，變得消極、平庸且自尋煩惱。

> 「一顆壞蘋果也許會毀掉一整籃好蘋果。」
>
> ——奇異公司（General Electric）執行長

《哈佛商業評論》進行了關於壞員工對企業影響的研究，目的是希望了解新想法和行為如何在同事之間傳播。此項研究利用監管文件和員工申訴資料發現，員工遇到曾有瀆職記錄的新同事時，在工作中，行為不端的可能性增加了 37%。不可思議的是，這項研究顯示出毒瘤員工確實具有傳染性。結果顯示，職場不當行為的社會加乘效果為 1.59 倍，意味著公司允許瀆職的員工留任時，每起違規案例都會像病毒一樣傳播，導致額外的 0.59 起不當行為案例。

前華盛頓大學商學院研究員威爾・菲普斯（Will Felps）曾詢問妻子，職場的事是否仍困擾著她。他的妻子回答：「他這週不在辦公室，氣氛好多了。」

菲普斯的妻子指的是一位特別有毒的同事，他經常欺負和羞

辱她團隊中的人，使得本已充滿敵意的工作環境變得更糟。但這名員工請了幾天病假時，有趣的事卻發生了。

大家開始互助合作，從收音機播放古典樂，下班後還一起去喝酒。但當此人回到辦公室後，一切又恢復低氣壓。這名員工請病假前，她並未留意到他對辦公室有如此大的影響，但當她觀察到他不在時的工作氣氛，便開始相信他爲辦公室帶來了深刻的負面影響，他無疑是毀了整桶蘋果的那顆「壞蘋果」。

菲普斯和他的同事、商學暨心理學教授泰倫斯・米契爾（Terence Mitchell）很好奇所謂的毒瘤員工對整體團隊有何影響，於是，他們彙整了 24 篇已發表的團隊和員工團體互動研究，並進行了自己的後續研究，以發掘一個「負面」的團隊成員（如不善盡職責、欺負同事或情緒不穩）對於運作良好的團隊有多大程度的破壞力。結果顯示，這類人比你想像的更爲常見：事實證明，大家多半都能想出至少一位職涯中曾共事過的「壞蘋果」。

他們的研究還顯示，多數組織缺乏有效方法來處置毒瘤員工，特別是當毒瘤員工在公司的年資較長、經驗較豐富或位階較高時。

> 他們發現，負面行為的影響遠遠超越了正面行為，這表示一顆『壞蘋果』足以毀掉整個團隊的文化，但一、兩個或三個優秀員工卻無法恢復它。

他們獲得的結論是，當「壞蘋果」不被解雇時，可能會導致其他員工敬業度低迷（disengagement）、效法此種行為、社會退縮、焦慮或恐懼，最終造成團隊內部信任瓦解，成員進一步離心。

這些研究人員發現了我在事業生涯中反覆習得的教訓：離開的人不會讓一家好公司毀滅，但有時留下的人卻可以。

「一顆壞蘋果足以毀掉整桶蘋果，但要記住，蘋果桶是可以清理的。採取行動，清除毒瘤，以維持正向的文化，這點至關重要。」

——歐普拉・溫芙蕾（Oprah Winfrey）

★ 打造優秀團隊的三準繩：解雇、任用、培訓

解雇他人絕非易事。上述所有偉大的領導者都明白不惜一

切保護公司文化的重要，他們也談到了當他們不得不開除別人時，所經歷的煎熬、痛苦和情感折磨。正是如此的心理摩擦和油然而生的鴕鳥心態（參見〔法則 23〕），導致我們拖延、自我懷疑、遲遲不做明知該做的事。

有鑑於此，我自創了一個簡單的架構。過去十年，我在自己的管理團隊中一直有效運用此架構，來幫助我們克服心理摩擦，並明確辨識出該任用、晉升，以及誰又該被開除。我稱此為「三準繩」架構。

首先是問自己（或你的管理團隊）一個與特定團隊成員相關的簡單問題：

> 若組織裡人人都與該名員工具有相同的文化價值、態度和才能，那標準（平均值）會提高、維持不變還是降低？

此一提問無關乎觀點、經驗或興趣、多元思維、生活經驗或世界觀的相似性，但它的確在尋求公司文化價值、標準和態度的趨近。

不論是運動隊伍、創意團隊或工作團隊，試想你目前所在的團隊，隨機挑選任一成員，然後自問：「如果團隊所有人都具備他們的文化價值，整體表現會提高、維持還是降低？」

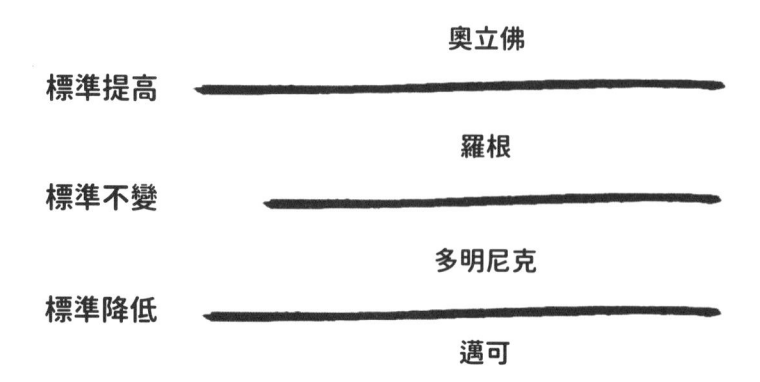

```
標準提高  ──────奧立佛──────
標準不變  ──────羅根────────
標準降低  ─────多明尼克─────
              邁可
```

上圖中，我以四個假設的人名回答此問題。答案顯而易見：邁可（拉低標準的人）必須被解雇，而奧立佛（提高標準的人）需要晉升至管理職。根據研究顯示，邁可將對團隊文化產生嚴重的負面影響，而奧立佛若能在組織裡坐上高位，可以為團隊文化帶來大幅正面影響。

此架構用於評估新聘員工是否符合現有團隊標準時，也非常好用。

★ 法則30：打造優秀團隊的三準繩

每次任用新人時，都該期許他們能拉高團隊標準，就像佛格森爵士所做的一樣。如果現任人員拉低了團隊標準，無論他們過去成績多輝煌，你都必須當機立斷，避免他們的負面影響危及不可憾動的團隊文化。

☆「公司」一詞的定義就是「一群人的團隊」。

Law #31

善用進步的力量

> 此條法則闡述組織中促進團隊參與、動力和成就感最重要的力量。若能令人感受到這股力量,他們將十分樂於成為你團隊的一分子。

「贏得獎牌似乎遙不可及,彷彿座落在遠處的高山,難以企及。大家會心想:哇,我們到底要如何從此處抵達彼處?我們有何信念?有何動力?如何獲得富感染力的熱情?」

──英國自行車協會(British Cycling)前表現總監

戴夫・布雷斯福爵士(Sir David Brailsford)

於「執行長日記」受訪內容

數年前,我採訪了戴夫・布雷斯福爵士,**他是「邊際收益」(marginal gains)理論的幕後推手**。2008 年英國自行車隊崛起,後來他們在多屆奧運會上持續締造佳績,使得邊際收益

理論廣為人知。

　2008 年之前，英國自行車隊一直委靡不振，淪為自行車界的笑柄。為了扭轉頹勢，協會聘請了戴夫・布雷斯福前來擔任表現總監，改革車隊的理念、策略和文化。

　布雷斯福深信，每次針對自行車各個面向改進 1%，最後結果匯聚起來，將有助於大幅提升整體表現。在他的指導之下，英國自行車協會不再想著取得重大突破或躍進，而是開始著眼於最小、最單純的細節：使用抗菌洗手乳以減少感染；用酒精擦拭輪胎，增加抓地力；重新設計自行車座椅，提高舒適度；更換運動員臥室裡的枕頭，以改善他們的睡眠；針對自行車和車服進行各種風洞測試等等。

　布雷斯福接手車隊五年內，英國自行車隊在 2008 年北京奧運的公路和場地自行車賽獨占鰲頭，贏得自行車項目近六成金牌；並在 2012 年倫敦奧運上，締造七項世界紀錄和九項奧運紀錄！2007 年至 2017 年間，英國自行車手贏得了 178 項世界錦標賽冠軍、66 枚奧運或帕運金牌，同時拿下了五次環法自行車賽冠軍。這十年的輝煌戰績開創了任何自行車隊都難以企及的黃金時代！

　我在布雷斯福訪談時詢問，專注於微末的細部改進是如何帶來如此巨大的動力、成功和穩定表現，他告訴我：

　「人們想要感受進步，如果我們追求完美，必定會失敗。因

爲完美離我們太遙遠了。

所以，與其追求完美，不如讓我們一次進步一點，讓人受到鼓舞。因此，讓我們先從基本的工作著手，把它們做好，然後下週問問自己，我們還能改進哪些小事？

有無數的事情可能影響自行車表現。我們能做些什麼？比如，我們能否調整飲食，比本週更優化，並在下週實現？大家都回答可以，我們能做到！好的，還能做什麼？我們能在健身房進行更多訓練嗎？我們能否稍微改變一下態度？你們能做到嗎？好，我們能做到。既然如此，我們開始行動吧！然後，你到了下週就問，我們完成所有事了嗎？是的，我們做到了——雖然我們沒有很大的進步，但我告訴你，感覺非常不錯。

突然之間，你意識到了自己正在前進。當你感覺自己在前進時，對自己就會感覺滿意。**微小的進步對人們意義重大，當他們感受到有所進展時，明天就會願意再做一次。**

然而，若你試圖做一些大事，會比較難以持續。一月時，我們都在健身房密集訓練，到了二月，我們又都停了下來。爲何如此？原因正是，少有人能長期持續地做出重大調整；但逐步做出微小的改變相對容易，而且易於維持。我認爲，長久下來，唯有持之以恆才會帶來重大改變。我們從未想過名次、終點線或奪冠，我們沒有談論過這些，我們考慮的都是今天能做的小事，以取得進步。

當你建立起此種文化時，大家會感受到進步，人們充滿了活力，更多的想法從團隊中浮現、被採納。團隊出現了新的敘事：我們正在前進，我們在改變，我們在做所有別人不願做的小事，但我們願意，這就是進步。

我們經常工作到很晚，所以我常對團隊說：夥計們，我們聚在一起說個話吧。我們之所以表現出色，是因為我們願意處理所有小事，那些現在關門在飯店休息的其他車隊懶得做的小事，但你們最清楚，小改變的成效有目共睹，從事這工作二十年，你們最明白細部改進的效果，百分之百有用。小改變關乎熱情和積極，還有不把它視為一件苦差事。進步是一股強大的力量。」

★ 小勝利的超能力

進步的概念常被認為是具體的結果，但研究不斷顯示，進步真正的動力主要來自感受和情感，而不是事實和統計數據。

正如研究者泰瑞莎・艾默伯（Teresa Amabile）在《哈佛商業評論》中指出，「當員工感覺自己在工作中取得進展時，或獲得幫助克服障礙時，他們的情緒最為正面，成功的動機也最強烈。」

此處的關鍵字正是「當員工感覺自己取得進展時」。

> 你實際取得的成果幾乎不影響你的動機；但若是你感覺自己有所進展，就有動力繼續前進。

當人加入一個缺乏動機、陷入困境的團隊時，集體心理猶如一輛路邊拋錨的雙層巴士，四個輪胎都洩了氣。啟發人心和團體信念是所有團隊賴以運作的能量，是大家奮鬥的原因，如同輪胎中的空氣或引擎中的燃料。

戴夫・布雷斯福爵士加入積弱不振的英國自行車隊時，就深知這個道理。他曉得，在那時取得重大的具體成就並不重要，要緊的是讓團隊感覺自己有所成就，這就是為何他先將焦點著重在小勝利上──因為此種方法最簡單，能夠解鎖進步的動機和力量、啟動巴士、為引擎加油、讓車輪轉動。

「小勝利之所以更重要，是因為比起世上的重大突破，它們更可能發生。若我們只等待重大的勝利，必須等待很長時間，甚至也許在看見任何具體成果前就先放棄了。你不需要重大勝利，只需小勝利帶來的前進動能。」

──泰瑞莎・艾默伯

艾默伯分析了近12,000篇日記以及動機和情緒的日常排名，她驚人的研究發現了：「在工作中取得進步比起任何其他工作日裡的事件，都更常與正向情緒和高度動機產生連結，即便是漸進的進步也是如此」。

開創性著作《專注力協定》（Indistractable）揭露了人類拖延的原因。我採訪作者尼爾·艾歐時，他主張人之所以拖延，唯一原因是在試圖避免生活中某種形式的「心理不適」。任務越大，我們越沒自信自己能完成，拖延的情況也就越嚴重。例如，那篇你必須寫但對主題不太理解的報告；你在關係中必須面對但可能引發嚴重爭吵的敏感議題；你想開展卻不清楚從何著手的事業──這些挑戰彷彿崇山峻嶺，引起巨大的心理不適感，因此我們總是一拖再拖。

> 克服心理不適感和防止拖延的關鍵在於，將任務『縮小』為簡單、易於實現的小目標。

偉大的組織理論家卡爾·魏克（Karl E. Weick）在過去數十年來的組織研究生涯中，深入探索如何設立可實現的目標。

1984年，魏克發表了一篇重要論文，指責社會之所以未能解決重大社會問題，得歸咎於我們「呈現」挑戰的方式。他抱

怨：「社會問題總被設想成規模巨大，因此阻礙了創新和行動。大家常將解決社會問題視爲超出他們能力範圍之事。」他甚至指出：

「人們無法解決問題，除非他們認爲這些問題不是『問題』。**當問題的嚴重程度加大，會啟動諸如挫折、覺醒和無助等過程，思想和行動的品質因而降低。**」

因此，讓人採取行動、自信與前進的關鍵在於，縮小你的挑戰。魏克承認，小勝利「也許看來無關緊要」，但「一連串的勝利」也許會「吸引盟友、威懾對手、並降低後續提案的阻力」。小勝利雖小，但「實在、具體、鼓舞人心且毫無爭議」。

然而，明白這一點的領導者少之又少。

1968 年，美國心理學家弗德瑞克・赫茲伯格（Frederick Herzberg）在《哈佛商業評論》上發表了一篇開創性文章，他提出理論，認爲個人在工作中最有動力的時候，是當他們獲得「取得成就的機會」時。

然而，當《哈佛商業評論》針對全球各大企業和產業近七百名經理人進行調查時，發現多數經理人、領導者或執行長根本不相信或理解這一點。

受訪者被要求針對激勵員工動機和情緒最有效的工具進行排名，僅有 5% 的人將「在工作中取得進展」列爲主要的動機因

素，95% 的人將其排在最後或第三位。

反之，大多數人將「嘉許優秀表現」視為激勵員工和促進幸福感最關鍵的因素。肯定員工表現無疑有助於強化人員的職場心態，但它終究取決於成就。

身為領導者，了解進步帶來的轉變力量以及如何培養和促進進步至關重要。這些知識能對員工的福祉、創新、動機和創意產出造成重大影響。

★ 如何在團隊中推動進步的觀念

艾默伯教授的五項方法將能幫助你促進團隊進步，輕而易舉地獲得成果：

1. 創造意義

人類天生渴望從事有意義的工作。1983 年，賈伯斯利用這一點，試圖說服約翰・史卡利（John Sculley）辭去百事可樂的成功事業，成為蘋果公司的新任執行長。賈伯斯問史卡利：「你是想下半輩子一直賣汽水，還是跟著我一起改變世界？」他的策略無疑成功了，史卡利不久後就加入蘋果。賈伯斯的策略著重在蘋果所做工作的意義，進步會提振你的工作動機，但前提是你很看重這項工作。

過去十年，我所有公司中，我們做的最有價值的事之一，就是建立起系統，確保各部門所有團隊成員都能感受到自己的工作對世界產生了實質影響。我們在一家公司中創立了名為「影響力」的內部頻道，致力於分享動人的故事、感言和回饋，內容主要關於團隊成員的努力是如何真切影響了全球各地人們的生活。

身為管理者，不能心存僥倖。在日益數位化的世界裡，我們越來越常埋首數據、統計資料和螢幕之中，也比以往更容易忽略數字和指標背後的意義。

> 工作感覺毫無意義時，動力就會消失。

根據 238 篇各行各業的員工日誌，最快速扼殺意義的因素是，領導團隊不重視員工的工作或想法，剝奪他們的所有權和自主權，並要求他們花時間執行一些完成之前就被取消、一改再改或被忽視的工作。

2. 設定明確可行的目標

領導者必須設定明確的目標，這點非常重要，如此一來，團隊成員才能確知自己需要完成的工作。此外，目標應該細分為

更小過程中的里程碑，同時重點聚焦於初期的成功，以建立動能。另外，持續追蹤進展情況，以確保小勝利不會受到忽視。

我的公司所有團隊都採用定期的目標設定架構，稱為「OKR」（objectives and key results），即目標和關鍵成果，以確保目標獲得實現。

3. 提供自主權

設立好明確的目標後，領導者應該給團隊成員空間來執行。鼓勵他們利用本身的技能和專業知識來規劃自己的途徑。

我帶領的所有團隊有一項最重要特徵，就是提供成員失敗和成功的空間。身為執行長，我的角色是充分授權與提供支持，而不是當個吹毛求疵、事事都要插手的管理者。

4. 消除摩擦

領導者應主動消除任何阻礙團隊實現日常進展的障礙、官僚主義和簽核流程，包含辨識並提供完成工作所需的資源。

如〔法則 20〕所述，我經常與所有主管溝通，因此能迅速果決地為團隊消弭障礙。團隊成員通常很清楚前進的阻礙為何，但在上位者卻鮮少費心去詢問他們；有時即便問了，也很少能迅速採取行動來解決問題。這往往會造成信任的缺口，久而久之，團隊成員就更不願提出可能造成未來阻礙的問題了。

5. 宣揚進展

不論任何進展，領導者必須盡可能大聲指出、廣為宣傳和讚揚。認可能夠強化行為，亦可向其他團隊證明，他們也可能有所進步。

我旗下管理的所有公司和團隊中，主管都被要求每週向全體公司詳細說明自己團隊當週的所有進展。此種儀式創造了強大的共同意識，讓我們如布雷斯福爵士所言，「感受到自己有所進步」，當人感覺到自己有進步時，就會更有動力，感覺更快樂，並且更願意追隨領導。

★ 法則31：善用進步的力量

想要解決問題，請鼓勵和慶祝所有的小勝利。此舉能提供持續前進的動力，創造成功的氛圍和正向情緒，引領團隊朝著更大目標邁進。當員工專心致力於自己的工作，並感覺自己有所貢獻時，會感到最有動力。

✼ 工作上讓人
最感到值得的一刻,
就是感覺自己在前進。

The Diary Of A CEO

Law #32

當一個因人制宜的領導者

> ✱ 此條法則教你如何因人制宜，成為真正偉大的管理者和領導者。

我訪問了曼聯傳奇名將艾夫拉，他在佛格森爵士麾下踢了近十年的左後衛，此次訪談的目的是想從他的口中了解佛格森為何被譽為史上最偉大的總教練。艾夫拉立即提到了2007年某日，這一天完美彰顯了這位總教練的英明睿智。

★ ★ ★

2007年2月4日下午，倫敦一個寒冷、陰鬱的星期天。曼聯抵達當時熱刺隊（Tottenham Hotspurs）的主場白鹿徑球場（White Hart Lane stadium）時，天色陰暗，飄著細雨。

「紅魔鬼」在賽季開打之初，便銳不可擋，以三分領先位居積分榜首，今天對陣的是一支狀態絕佳、決心擊敗聯賽霸主的主場球隊。

上半場比賽的戰況十分膠著，雙方都無法取得明顯優勢。兩隊為了取得控球權，展開激烈的爭奪，中場飛踢和鏟球，場面熱血激烈。然而，在上半場最後一分鐘時，曼聯偶然獲得了一次十二碼罰球，讓他們在中場休息時，幸運地以一比〇領先。

球隊進入更衣室時，佛格森進來，坐下，三分鐘內不發一語。全室一片死寂，球員們緊張地坐著，避免與沉默的總教頭有眼神接觸。他們心知肚明，當佛格森不出聲時，絕不是個好兆頭。

當時的艾夫拉正在打一場他後來稱之為「畢生最佳表現的比賽」。他一直是熱刺後防線的眼中釘，不斷地沿左路突破，並提供精準的傳中。

艾夫拉笑著，一邊喝水，一邊受隊友祝賀，此時他看到了佛格森凝視他的的目光，佛格森正直視著他。他回憶道：

「我當時感覺自己拿出了畢生最佳的表現，我沒騙你，我真的所向披靡！我回到更衣室，心情輕鬆，開心地補充水分，隊友們向我祝賀說：『哇，帕特里斯，你太厲害了！』然後，佛格森走進來，沉默地坐著三分鐘，眼睛盯著我。他問我：『帕特里斯，你還好嗎？』我回答：「我很好，老大。」接著他又問我：「你累了嗎？」

說真的，我還以為他的問題是在惡作劇，我環顧四周，想著也許有什麼隱藏的攝影機，是他在捉弄我之類的，其他球員也同樣感到困惑。

『不，我不累。』我回答。

『那你為何要把球傳回給守門員？』他繼續說道。

『因為我別無選擇，那是我唯一的選擇。』我解釋。

『如果你再這樣做，你就會坐在我旁邊看剩下的比賽。這是你為曼聯效力以來打過最差的一場比賽。』他吼道：『如果你再敢把球傳回去，我向你保證，你別想再為曼聯打球！』

我閉嘴了，把話忍了下來，我從來不想在隊友面前對教練回嘴。大家都震驚不已，每個人都在想：這是怎麼回事？」

曼聯從更衣室出來後，下半場重新出發，精神煥發，充滿動力，更全神貫注。他們在下半場比賽主導大局，再進三球，最後以四比〇擊敗主場球隊。這場比賽的表現值得載入史冊，是曼聯客場最不凡的其中一場勝利。英國《獨立報》（*The Independent*）稱這場比賽為「一支巔峰球隊大敗敵手的神級勝仗」。

艾夫拉仍對中場休息時，佛格森的訓斥感到困惑：

「我換洗過後，等不及一覺醒來可以回到訓練場，與他談談當日發生的事。隔天，我敲了他辦公室的門，他邀我進去。

『帕特里斯，好孩子，有什麼事嗎？過來坐著說。』佛格森說道。

我回答：『老大，昨天發生什麼事了？爲何你那樣對我？』

『帕特里斯，你是場上最好的球員。但你知道，C羅開始炫技，其他隊友控球時又浪費了機會，當你爲曼聯效力時，你必須進一球，然後一球接一球。你不能只進一球就心滿意足。你是最棒的球員，我的孩子，現在滾出我的辦公室！』

他邊吹著口哨，哼著曲，邊笑著。

他知道我受得住敲打；他吼我是想對其他球員和C羅傳達訊息，確保他們在場上全神貫注，並尊重熱刺。所以，他挑選了場上最好的球員開刀，一個他認爲受得住壓力的球員，如此一來，其他球員就會心想：他對最好的球員都這麼狠了，我最好加緊表現。這就是我所謂佛格森的管理風格。」

令我訝異的是，我訪談過的每位曼聯球員都表示，佛格森爵士並不在乎戰術、策略和陣型，他最在意的是激發個人潛力、球隊文化和態度，他不希望球員驕矜自滿。

葛瑞・納維爾（Gary Neville）整個職業生涯都在佛格森執教的曼聯，他告訴我：

「他知道如何觸動你內心，無論你是誰，他都知道如何打動你。他想激勵我時，會談到我的祖父母。我爺爺打仗時受了

傷，肩膀還留著砲彈碎片。所以，佛格森爵士會對我說：『那你祖父母呢？每天起床，打上領帶，努力工作，然後還去打仗？』當佛格森爵士這麼說時，我就會堅持下去。

他面對不同的人時，說的內容截然不同，他會以不同方式觸動每個人，確保他們永不屈服。」

里奧・費迪南在曼聯擔任了 12 年的中後衛和隊長，他告訴我，佛格森最大的特點是他了解每個人，並且因人制宜：

「他對人很了解。他不會將兩名球員一概而論，齊頭式的待遇不是帶領球隊的最佳方式。人各有別，每個人接受建議和批評的方式都不同。這就是為何領導者或管理者必須對個人有所了解。這也是佛格森爵士最偉大的特質之一，他對每個人的一切瞭若指掌。

有一次，我外公住院時，佛格森雖然只見過他兩次，但他曉得我外公最愛喝什麼，還送花到我母親家。他知道這對我意義重大。就是這些小事，讓我更努力地為他奮戰。」

下列內容引述自過去效力於佛格森的球員，他們歸納了他為何是如此傑出的教練。

「他懂得對球員因材施教，以及如何激發每個人最佳的表現。」

——彼德・舒梅切爾（Peter Schmeichel）

「他對我非常嚴厲，但他必須如此。他在我身上看見了其他球員沒有的特質，他激勵我成為最好的球員。」

——大衛・貝克漢

「他總是知道何時該給我警告，何時該鼓勵我。他懂得因材施教。」

——瑞恩・吉格斯（Ryan Giggs）

「他對我另眼相待，不過是好的方面。他激勵我不斷進步，我想這是我能有今日成就的原因。」

——韋恩・魯尼（Wayne Rooney）

「他對待我的方式有別於其他球員。他總是與我溝通，並給我建議。他幫助我成為一名更好的球員。」

——「C羅」克里斯蒂亞諾・羅納度

★ 如何成為因人制宜的領導者？

每本領導或管理書籍都宣揚優秀領導者的特質是始終如一（consistency）、可預見性（predictability）和公平（fairness）。然而，根據我對眞正傑出管理者進行長達十年的研究顯示，情況恰恰相反。我從自己帶領四家公司、一千多名員工的經驗得知，因人制宜，保持變通，像變色龍一樣巧妙轉換自己的情緒，以激發團隊每位成員的最佳表現，這項能力與我激勵他人的能力呈正相關。

如本書前述法則所探討，人類作爲一種生物，並不如我們自認那樣理性、具有邏輯和分析能力。我們情緒化、不合邏輯，而且受到恐懼、欲望、不安全感和童年經驗等多種情感衝動所驅策。因此，使用以理性、資訊和事實爲主、一體適用的方法來帶領團隊，實難以激發任何團體的熱情、動力和行動。

> 我們身為領導者，想輔助任何團隊成員，就必須像團隊所有人一樣擁有各式各樣的面貌、情緒且彈性多變。

費迪南形容佛格森演技精湛，從憤怒到興高采烈，他能假裝任何情緒，以喚起他認為對球隊成功最有利的情緒：

「他就是如此老謀深算。我們球員之間一直在談論這件事。他說話的方式是，他會在比賽失利後，在電視上刻意、憤怒地抨擊裁判，以轉移大眾對球員的注意力。他這樣做是為了把焦點從球隊上移開，確保我們不對自己感到失望，保持動力繼續參加下一場比賽。他就是如此深謀遠慮，他是最長袖善舞的總教練。」

★ 法則32：當一個因人制宜的領導者

要像拼圖一樣無縫地融入團隊，你必須掌握各個成員的獨特特質。佛格森爵士在這方面的眼光與敏銳遠近馳名，先前為他效力的球員、工作人員、甚至競爭對手的總教練都證明了這一點。從球員妻子的愛好，到球員寵物的名字，他對所有人瞭若指掌，如費迪南告訴我，甚至連他們祖父喜愛的威士忌品牌，佛格森都一清二楚。更重要的是，他深知每個球員受到鼓舞的

動機截然不同，有的球員可能會在佛格森惡名昭彰的「吹風機式」待遇下成長茁壯（他會在更衣室或訓練場上在球員耳邊狂罵）；但另一名球員也許需要更關愛的方法；其他球員可能需要更放任的方法。這就是為何佛格森不必成為許多人認為的戰術天才，反倒是一名情緒專家。當你的工作性質必須激勵他人時，情緒管理才是王道。

"偉大的領導者靈活、彈性十足且變化多端。

他們能成為任何模樣，以激發你的動力。

Law #33

學海無涯

請掃描：

www.the33rdlaw.com

參考文獻

通往成就的四大支柱

支柱一：掌握自我
- Covey, S. R. (2004). *The 7 Habits of Highly Effective People: Powerful Lessons in Personal Change.* Simon & Schuster.
- Duckworth, A. (2016). Grit: *The Power of Passion and Perseverance.* Scribner.
- Langer, E. J. (1989). *Mindfulness.* Addison-Wesley.

支柱二：精通敘事
- Brown, B. (2010). 'The Power of Vulnerability' [Video file]. TED Conferences. https://www.ted.com/talks/brene_brown_the_power_of_vulnerability
- Godin, S. (2018). *This is Marketing : You Can't Be Seen Until You Learn to See.* Portfolio. Penguin
- Pink, D. H. (2005). *A Whole New Mind: Why Right-Brainers Will Rule the Future.* Riverhead Books.

支柱三：打造人生哲學
- Covey, S. R. (2004). *The 7 Habits of Highly Effective People: Powerful Lessons in Personal Change.* Simon & Schuster.
- Haidt, J. (2006). *The Happiness Hypothesis: Finding Modern Truth in Ancient Wisdom.* Basic Books.
- Keller, T. (2012). *Every Good Endeavor: Connecting Your Work to God's Work.* Viking.

支柱四：熟習團隊合作
- Collins, J. (2001). *Good to Great: Why Some Companies Make the Leap and Others Don't.* Random House Business.
- Duhigg, C. (2016). *Smarter Faster Better: The Secrets of Being Productive in Life and Business.* Random House.
- Lencioni, P. (2002). *The Five Dysfunctions of a Team: A Leadership Fable.* John Wiley & Sons.

法則 01
- Abbate, B. (2021, January 29). 'Why a Good Reputation is Important to Your Life and Career'. Medium. https://medium.com/illumination/why-a-good-reputation-important-to-your-life-and-career-80c1da06430e
- Bolles, R. N. (2014, September 2). '4 Ways To Change Careers In Midlife'. *Forbes.* https://www.forbes.com/sites/nextavenue/2014/09/02/4-ways-to-change-careers-

in-midlife/?sh=38da133419df
- Forbes Coaches Council. (2017, October 10). '15 Simple Ways To Improve Your Reputation In The Workplace'. *Forbes*. https://www.forbes.com/sites/forbescoachescouncil/2017/10/10/15-simple-ways-to-improve-your-reputation-in-the-workplace/?sh=d88cf7f53607
- Schoeller, M. (2022, November 15). 'Behind The Billions: Elon Musk'. *Forbes*. https://www.forbes.com/sites/forbeswealthteam/article/elon-musk/SpaceX. (n.d.). SpaceX. https://www.spacex.com/mission/
- Umoh, R. (2018, January 16). 'Billionaire Richard Branson reveals the simple trick he uses to live a positive life'. CNBC. https://www.cnbc.com/2018/01/16/richard-branson-uses-this-simple-trick-to-live-apositive-life.html
- WatchDoku – The documentary film channel. (2021, December 8). 'ELON MUSK: THE REAL LIFE IRON MAN' Full Exclusive Biography Documentary English HD 2021 [Video file]. YouTube.https://www.youtube.com/watch?v=TUQgMs8Fkto
- Western Governors University. (2020, July 29). 'The 5 P's of Career Management'. Western Governors University. https://www.wgu.edu/blog/career-services/5-p-career-management2007.html#close
- Williams-Nickelson, C. 'Building a professional reputation'. (2003, March). *gradPSYCH* magazine. https://www.apa.org/gradpsych/2007/03/matters

法則 02

- The Decision Lab. (n.d.). 'Why do we buy insurance?' The Decision Lab. https://thedecisionlab.com/biases/loss-aversion
- Education Endowment Foundation. (2021, September). 'Mastery learning'. | Education Endowment Foundation. https://educationendowmentfoundation.org.uk/education-evidence/teaching-learning-toolkit/mastery-learning
- Feynman, R. P. and Leighton, R. (1992). *Surely You're joking, Mr Feynman!: Adventures of a Curious Character*. Vintage.
- Harari, Y. N. (2018). *21 Lessons for the 21st Century*. Random House.
- Hibbert, S. A. (2019). *Skin in the game: How to create a learning curve that sticks*. John Wiley & Sons.
- Kahneman, D. and Tversky, A. (1979). 'Prospect theory: An analysis of decision under risk'. *Econometrica*, 47(2), 263-292. https://doi.org/10.2307/1914185
- Manson, M. (2016). *The Subtle Art of Not Giving a F*ck: A Counterintuitive Approach to Living a Good Life*. Harper.
- Sinek, S. (2011). *Start with Why: How Great Leaders Inspire Everyone to Take Action*. Portfolio Penguin.
- Taleb, N. N. (2018). *Skin in the Game: Hidden Asymmetries in Daily Life*. Allen Lane.
- Thaler, R. H. and Sunstein, C. R. (2008). *Nudge: Improving Decisions About Health, Wealth, and Happiness*. Yale University Press.

- Thompson, C. (2013). *Smarter Than You Think: How Technology is Changing Our Minds for the Better*. William Collins.

法則 03

- Bazerman, M. H. and Moore, D. A. (2013). *Judgment in Managerial Decision Making* (8th ed.). John Wiley & Sons.
- Fisher, R. and Ury, W. L. (2011). *Getting to Yes: Negotiating Agreement Without Giving In*. Penguin Books.
- Gladwell, M. (2000). *The Tipping Point: How Little Things Can Make a Big Difference*. Little, Brown and Company.
- Heath, C. and Heath, D. (2007). *Made to stick: Why some ideas survive and others die*. Random House.
- Sharot, T. (2017). *The Influential Mind: What the Brain Reveals About Our Power to Change Others*. Henry Holt & Company.
- Sharot, T., Korn, C. W. and Dolan, R. J. (2011). 'How unrealistic optimism is maintained in the face of reality'. *Nature Neuroscience*, 14(11), 1475–1479. https://doi.org/10.1038/nn.2949
- Thompson, L. (2014). *The Mind and Heart of the Negotiator* (6th ed.). Pearson.

法則 04

- Carter-Scott, C. (1998). *If Life is a Game, These are the Rules*. Broadway Books.
- Cialdini, R. B. (2008). *Influence: Science and Practice*. Pearson.
- Dawkins, R. (2006). *The God Delusion*. Mariner Books.
- Festinger, L. (1957). *A Theory of Cognitive Dissonance*. Stanford University Press.
- Gladwell, M. (2006). *Blink: The Power of Thinking Without Thinking*. Penguin.
- Haidt, J. (2013). *The Righteous Mind: Why Good People are Divided by Politics and Religion*. Penguin.
- Harris, S. (2010). *The Moral Landscape: How Science Can Determine Human Values*. Free Press.
- Kahneman, D. (2011). *Thinking, Fast and Slow*. Farrar, Straus and Giroux. Lipton, B. H. (2005). *The Biology of Belief: Unleashing the Power of Consciousness, Matter and Miracles*. Hay House.
- McTaggart, L. (2007). *The Intention Experiment: Use Your Thoughts to Change Your Life and the World*. Harper Element.
- Pinker, S. (2018). *Enlightenment Now: The Case for Reason, Science, Humanism, and Progress*. Viking.
- Prochaska, J. O., Norcross, J. C. and DiClemente, C. C. (1994). *Changing for Good: The Revolutionary Program that Explains the Six Stages of Changes and Teaches You How to Free Yourself from Bad Habits*. William Morrow.
- Sharot, T. (2012). *The Optimism Bias: Why We're Wired to Look on the Bright Side*. Robinson.

- Sharot, T., Korn, C. W. and Dolan, R. J. (2011). 'How unrealistic optimism is maintained in the face of reality'. *Nature neuroscience*, 14(11), 1475-1479. https://doi.org/10.1038/nn.2949
- Sharot, T. (2017). *The Influential Mind: What the Brain Reveals About Our Power to Change Others*. Henry Holt & Company.
- Shermer, M. (2002). *Why People Believe Weird Things: Pseudoscience, Superstition, and Other Confusions of Our Time*. Holt Paperbacks.
- Shermer, M. (2017). *Skeptic: Viewing the World with a Rational Eye*. Henry Holt & Company.
- Stokstad, E. (2018). 'Seeing climate change: Science, empathy, and the visual culture of climate change'. *Environmental Humanities*, 10(1), 108-124.
- Tavris, C. and Aronson, E. (2007). *Mistakes Were Made (But Not by Me): Why We Justify Foolish Beliefs, Bad Decisions, and Hurtful Acts*. Houghton Mifflin Harcourt.
- Zajonc, R. B. (1980). 'Feeling and Thinking: Preferences Need No Inferences'. *American Psychologist*, 35(2), 151-175. https://doi.org/10.1037/0003-066X.35.2.151

法則 05

- Anderson, C. P. and Slade, S. (2017). 'How to turn criticism into a competitive advantage'. *Harvard Business Review*, 95(5), 94-101.
- Aronson, E. (1969). 'The theory of cognitive dissonance: A current perspective'. In L. Berkowitz (Ed.), *Advances in Experimental Social Psychology*, 4, 1-34. Academic Press.
- Chansky, T. E. (2020). 'Transitions: How to Lean In and Adjust to Change'. Tamar E. Chansky. https://tamarchansky.com/transitionshow-to-lean-in-and-adjust-to-change/
- Festinger, L. (1957). *A Theory of Cognitive Dissonance*. Stanford University Press.
- Ford, H. (1922). *My Life and Work*. Currency.
- Grover, A. S. (1999). *Only the Paranoid Survive: How to Exploit the Crisis Points That Challenge Every Company*. Doubleday.
- MacDailyNews. (2010, March 13). 'Microsoft CEO Steve Ballmer laughs at Apple iPhone' [Video file]. YouTube. https://www.youtube.com/watch?v=nXq9NTjEdTo
- Mulligan, M. (2022, May 11). 'How iPod changed everything'. *Music Industry Blog*. https://musicindustryblog.wordpress.com/2022/05/11/how-ipod-changed-everything/
- Orr, M. (2019). *Lean Out: The Truth About Women, Power, and the Workplace*. HarperCollins Leadership.
- Ross, L. (1977). 'The intuitive psychologist and his shortcomings: Distortions in the attribution process'. In Berkowitz, L. (ed.), *Advances in Experimental Social Psychology*), 10, 173-220. Academic Press.
- Ross, L. (2014). *The psychology of intractable conflict: A handbook for political*

- *leaders*. Oxford University Press.
- Stoll, C. (1995, February 26). 'Why the Web Won't Be Nirvana'. Newsweek. https://www.newsweek.com/clifford-stoll-why-web-wont-benirvana-185306

法則 06

- Cialdini, R. B. (1984). *Influence: The Psychology of Persuasion*. HarperCollins.
- Cooper, J. (2007). *Cognitive dissonance: Fifty Years of a Classic Theory*. Sage Publications.
- Festinger, L. (1957). *A Theory of Cognitive Dissonance*. Stanford University Press.
- Kamarck, E. (2012, September 11) 'Are You Better Off Than You Were 4 Years Ago?' *WBUR*. https://www.wbur.org/cognoscenti/2012/09/11/better-off-2012-elaine-kamarck.
- McArdle, M. (2014). *The Up Side of Down: Why Failing Well is the Key to Success*. Viking.
- Maddux, J. E. and Rogers, R. W. (1983). 'Protection motivation and self-efficacy: A revised theory of fear appeals and attitude change'. *Journal of Experimental Social Psychology*, 19(5), 469-479. https://doi.org/10.1016/0022-1031(83)90023-9
- O'Keefe, D. J. (2002). *Persuasion: Theory and Research* (2nd ed.). Sage Publications.
- O'Mara, M. (2020, September 10). 'Are You Better Off than You Were Four Years Ago?: The Economy in Presidential Politics'. *Perspectives on History*. https://www.historians.org/research-and-publications/perspectives-on-history/october-2020/are-you-better-off-than-youwere-four-years-ago-the-economy-in-presidential-politics
- Reagan Library. (2016, May 6). 'Presidential Debate with Ronald Reagan and President Carter, October 28, 1980' [Video file]. YouTube. https://www.youtube.com/watch?v=tWEm6g0iQNI
- Schwarz, N. (1999). 'Self-reports: How the questions shape the answers'. *American Psychologist*, 54(2), 93-105. https://doi.org/10.1037/0003-066X.54.2.93
- Sherman, D. K. and Cohen, G. L. (2006). 'The psychology of self-defense: Self-affirmation theory'. *Advances in Experimental Social Psychology*, 38, 183–242. Elsevier Academic Press. https://doi.org/10.1016/S0065-2601(06)38004-5
- Sprott, D. E., Spangenberg, E. R., Block, L. G., Fitzsimons, G. J., Morwitz, V. G. and Williams, P. (2006). 'The question–behavior effect: What we know and where we go from here'. *Social Influence*, 1(2),128–137. https://doi.org/10.1080/15534510600685409
- Tavris, C. and Aronson, E. (2007). *Mistakes Were Made (But Not by Me):Why We Justify Foolish Beliefs, Bad Decisions, and Hurtful Acts*. Houghton Mifflin Harcourt.
- Wood, W., Tam, L. and Witt, M. G. (2005). 'Changing circumstances, disrupting habits'. *Journal of Personality and Social Psychology*, 88(6), 918-933. https://doi.org/10.1037/0022-3514.88.6.918

法則 07

- Aryani, E. (2016). 'The role of self-story in mental toughness of students in Yogyakarta'. *Journal of Educational Psychology and Counseling*, 2(1), 25-31.
- Duckworth, A. L., Peterson, C., Matthews, M. D. and Kelly, D. R.(2007). 'Grit: perseverance and passion for long-term goals'. *Journal of Personality and Social Psychology*, 92(6), 1087–1101. https://doi.org/10.1037/0022-3514.92.6.1087
- Eubank Jr, C. (2023, May 1). Personal communication.
- Gladwell, M. (2008). *Outliers: The Story of Success*. Allen Lane.
- Macnamara, B. N., Hambrick, D. Z., & Oswald, F. L. (2014). 'Deliberate Practice and Performance in Music, Games, Sports, Education, and Professions: A Meta-Analysis'. *Psychological Science*, 25(8), 1608–1618. https://doi.org/10.1177/0956797614535810
- Polk, L. (2018). 'Self-concept and resilience: A correlation'. *International Journal of Social Science and Economic Research*, 3(2), 1280-1291.
- Singh, P. (2023). *Your self-story: The secret strategy for achieving big ambitions*. HarperCollins.
- Steele, C. M. and Aronson, J. (1995). 'Stereotype threat and the intellectual test performance of African Americans'. *Journal of Personality and Social Psychology*, 69(5), 797–811. https://doi.org/10.1037/0022-3514.69.5.797
- Tentama, F. (2020). 'Self-story, resilience, and mental toughness'. *Journal of Applied Psychology*, 4(1), 13-21.
- Wooden, J. (1997). *Wooden: A lifetime of observations and reflections on and off the court*. McGraw Hill.
- Woolfolk Hoy, A., & Murphy, P. K. (2008). 'Identity development, motivation, and achievement in adolescence'. In Meece, J. L. and Eccles, J.S. (eds.), *Handbook of Research on Schools, Schooling, and Human Development*, 391–414. Routledge.
- Zhang, S., Tompson, S., White-Spenik, D., & Blair, C. B. (2013). 'Stereotype threat and self-affirmation: The moderating role of race/ethnicity and self-esteem'. *Cultural Diversity and Ethnic Minority Psychology*, 19(4), 395–405.

法則 08

- American Psychological Association. (2023, March 21) 'What you need to know about willpower: The psychological science of self-control'. https://www.apa.org. https://www.apa.org/topics/personality/willpower
- Baumeister, R. F., Bratslavsky, E., Muraven, M. and Tice, D. M.(1998). 'Ego depletion: Is the active self a limited resource?'. *Journal of Personality and Social Psychology*, 74(5), 1252–1265. https://doi.org/10.1037/0022-3514.74.5.1252
- Clear, J. (2020, February 4). 'How to Break a Bad Habit (and Replace It With a Good One)'. James Clear. https://jamesclear.com/how-to-break-a-bad-habit

- Duhigg, C. (2014). *The Power of Habit: Why We Do What We Do, and How to Change*. Random House.
- Eyal, N. (2013). *Hooked: How to Build Habit-Forming Products*. Portfolio Penguin.
- Ferrario, C. R., Gorny, G. and Crombag, H. S. (2005). 'On the neural and psychological mechanisms underlying compulsive drug seeking in addiction'. *Progress in Neuro-Psychopharmacology and Biological Psychiatry*, 29(4), 613-627.
- Friedman, R. S., Fishbach, A. and Förster, J. (2003). 'The effects of promotion and prevention cues on creativity'. *Journal of Personality and Social Psychology*, 85(2), 312-326.
- Gollwitzer, P. M. and Sheeran, P. (2006). 'Implementation intentions and goal achievement: A meta-analysis of effects and processes'. *Advances in Experimental Social Psychology*, 38, 69-119. https://doi.org/10.1016/S0065-2601(06)38002-1
- Hofmann, W., Adriaanse, M., Vohs, K. D. and Baumeister, R. F. (2014). 'Dieting and the self-control of eating in everyday environments: An experience sampling study'. *British Journal of Health Psychology*, 19(3), 523-539. https://doi: 10.1111/bjhp.12053.
- Muraven, M., Tice, D. M. and Baumeister, R. F. (1998). 'Self-control as a limited resource: Regulatory depletion patterns'. *Journal of Personality and Social Psychology*, 74(3), 774–789. https://doi.org/10.1037/0022-3514.74.3.774
- Segerstrom, S. C., Stanton, A. L., Alden, L. E., & Shortridge, B.E. (2003). 'A Multidimensional Structure for Repetitive Thought:What's On Your Mind, And How, And How Much?' *Journal of Personality and Social Psychology*, 85(5), 909-921. https://doi.org/10.1037/0022-3514.85.5.909
- Sharot, T. (2019). *The Influential Mind: What the Brain Reveals About Our Power to Change Others*. Abacus.
- Wegner, D. M., Schneider, D. J., Carter, S. R. and White, T. L. (1987). 'Paradoxical effects of thought suppression'. *Journal of Personality and Social Psychology*, 53(1), 5–13. https://doi.org/10.1037/0022-3514.53.1.5
- Wood, W. and Neal, D. T. (2007). 'A new look at habits and the habitgoal interface'. *Psychological Review*, 114(4), 843–863. https://doi.org/10.1037/0033-295X.114.4.843

法則 09

- Buffett, W. E. (1998). 'Owner's Manual'. *Fortune*, 137(3), 33.
- Caci, G., Albini, A., Malerba, M., Noonan, D. M., Pochetti, P. and Polosa, R. (2020). 'COVID-19 and Obesity: Dangerous Liaisons'. *Journal of Clinical Medicine*, 9(8), 2511. https://doi.org/10.3390/jcm9082511
- Centers for Disease Control and Prevention. (2022, September 27) 'Obesity, Race/Ethnicity, and COVID-19'. Centers for Disease Control and Prevention. https://www.cdc.gov/obesity/data/obesityand-covid-19.html

- Obama, President. (2013, September 26) 'Remarks by the President on the Affordable Care Act'. whitehouse.gov. https://obamawhitehouse.archives.gov/the-press-office/2013/09/26/remarkspresident-affordable-care-act

法則 10

- Allan, R. P. et al. (2021). 'Climate Change 2021: The Physical Science Basis. Contribution of Working Group I to the Sixth Assessment Report of the Intergovernmental Panel on Climate Change'. Cambridge University Press.
- Brennan, S. (2018, May 14). 'Is this the best workplace in Britain?' *Mail Online*. https://www.dailymail.co.uk/femail/article-5718875/Is-bestworkplace-Britain.html
- Coldwell, W. (2018, February 20). 'Drink in the view: BrewDog to open its first UK "beer hotel".' *Guardian*. https://www.theguardian.com/travel/2018/feb/20/drink-in-the-view-brewdog-to-open-its-firstuk-beer-hotel
- International Energy Agency. (2021, May). 'Net Zero by 2050: A Roadmap for the Global Energy Sector'.
- McCarthy, N. (2019, February 8). 'The Tesla Model 3 Was The Best-Selling Luxury Car In America Last Year' [Infographic]. *Forbes*. https://www.forbes.com/sites/niallmccarthy/2019/02/08/the-tesla-model-3-was-the-best-selling-luxury-car-in-america-lastyear-infographic/
- Morris, J. (2020, June 14). 'How Did Tesla Become The Most Valuable Car Company In The World?' *Forbes*. https://www.forbes.com/sites/jamesmorris/2020/06/14/how-did-tesla-become-the-mostvaluable-car-company-in-the-world/
- NASA Global Climate Change. (n.d.). 'The Causes of Climate Change'. Retrieved April 30, 2023, from https://climate.nasa.gov/causes/
- National Oceanic and Atmospheric Administration. (n.d.). 'Climate'. Retrieved 30 April 2023. from https://www.climate.gov/
- Shastri, A. (2023, February 13). 'Complete Analysis on Tesla Marketing Strategy - 360 Degree Analysis'. IIDE. https://iide.co/case-studies/tesla-marketing-strategy/
- Sutherland, R. (2019). *Alchemy: The Surprising Power of Ideas that Don't Make Sense*. WH Allen.
- Union of Concerned Scientists. (2022). 'The Climate Deception Dossiers'.
- United Nations Environment Programme. (2021, October 26). 'The Emissions Gap Report 2021'. https://www.unep.org/resources/emissions-gap-report-2021
- United Nations Framework Convention on Climate Change. (2015). 'Paris Agreement'. Retrieved 30 April 2023. https://unfccc.int/process-and-meetings/the-paris-agreement/the-paris-agreement
- United States Environmental Protection Agency. 2023, May 2. 'Climate Change Indicators in the United States'. https://www.epa.gov/climate-indicators
- World Wildlife Fund. (n.d.). 'Effects of Climate Change'. Retrieved 30 April, 2023. https://www.worldwildlife.org/threats/climate-change

法則 11

- *127 Hours*. (2010). [Motion Picture]. Fox Searchlight Pictures.
- Avery, S. N. and Blackford, J. U. (2016, July 21). 'Slow to warm up: the role of habituation in social fear', *Social Cognitive and Affective Neuroscience*, 11(11), 1832-1840. https://doi: 10.1093/scan/nsw095
- BBC NEWS. (2002, October 23) 'I cut off my arm to survive'. http://news.bbc.co.uk/1/hi/health/2346951.stm
- Davies, S. J. (2017). *The Art of Mindfulness in Sport Psychology: Mindfulness in Motion*. Routledge.
- Diamond, D. M., Park, C. R., Campbell, A. M., Woodson, J. C. and Conrad, C. D. (2005). 'Influence of predator stress on the consolidation versus retrieval of long-term spatial memory and hippocampal spinogenesis'. *Hippocampus*, 16(7), 571-576. https://doi: 10.1002/hipo.20188.
- Frederick, P. (2011, March). 'Persuasive Writing: How to Harness the Power of Words'. *ResearchGate*. https://www.researchgate.net/publication/275207550_Persuasive_Writing_How_to_Harness_the_Power_of_Words
- Groves, P. M. and Thompson, R. F. (1970). 'Habituation: A dual-process theory'. *Psychological Review*, 77(5), 419–450. https://doi.org/10.1037/h0029810
- James, L. R. (1952). 'A review of habituation'. *Psychological Bulletin*, 49(4), 345–356.
- James, W. (1890). *The Principles of Psychology*. vol. 1. Henry Holt.
- Keegan, S.M. (2015). *The Psychology of Fear in Organizations: How to Transform Anxiety into Well-being, Productivity and Innovation*. Kogan Page.
- LeDoux, J. (2015). *Anxious: Using the Brain to Understand and Treat Fear and Anxiety*. Viking.
- McGonigal, K. (2015). *The Upside of Stress: Why Stress Is Good for You, and How to Get Good at It*. Avery.
- McGuire, W. J. (1968). 'Personality and susceptibility to social influence'. In Borgatta, E.F. and Lambert, W.W. (eds.), *Handbook of Personality Theory and Research* (pp. 1130-1187). Rand McNally.
- Mitchell, A. A. and Olson, J. C. (1981). 'Are product attribute beliefs the only mediator of advertising effects on brand attitude?'. *Journal of Marketing Research*, 18(3), 318-332. https://doi.org/10.2307/3150973
- Petty, R. E., & Cacioppo, J. T. (1986). *Communication and Persuasion: Central and Peripheral Routes to Attitude Change*. Springer.
- Ralston, A. (2005). *Between a Rock and a Hard Place*. Simon & Schuster.
- Sapolsky, R. M. (2017). *Behave: The Biology of Humans at Our Best and Worst*. Penguin Press.
- Selye, H. (1976). *The Stress of Life*. McGraw-Hill.
- Smith, C. A. (1965). 'The effects of stimulus variation on the semantic satiation phenomenon'. *Journal of Verbal Learning and Verbal Behavior*, 4(5),447–453.

- Sokolov, E. N. (1963). 'Higher Nervous Functions: The Orienting Reflex'. *Annual Review of Physiology*, 25, 545–580. https://doi.org/10.1146/annurev.ph.25.030163.002553
- Wilson, F. A. W. and Rolls, E. T. (1993). 'The effects of stimulus novelty and familiarity on neuronal activity in the amygdala of monkeys performing recognition memory tasks'. *Experimental Brain Research*, 93(3), 367–82. https://doi:10.1007/BF00229353
- Wilson, T. D. and Brekke, N. (1994). 'Mental contamination and mental correction: Unwanted influences on judgments and evaluations'. *Psychological Bulletin*, 116(1), 117-142. https://doi.org/10.1037/0033-2909.116.1.117
- Winkielman, P., Halberstadt, J., Fazendeiro, T. and Catty, S. (2006). 'Prototypes are attractive because they are easy on the mind'. *Psychological Science*, 17(9), 799–806. https://doi: 10.1111/j.1467-9280.2006.01785.x

法則 12

- Manson, M. (2016). *The Subtle Art of Not Giving a F*ck: A Counterintuitive Approach to Living a Good Life*. Harper.
- Midson-Short, D. (2019, March 9). 'The Rise of Cursing in Marketing'. Shorthand Content Marketing'. https://shorthandcontent.com/marketing/curse-words-in-marketing/
- Knight, S. (2018). *Calm the F**k Down: How to Control What You Can and Accept What You Can't So You Can Stop Freaking Out and Get on With Your Life*. Quercus.
- Kludt, A. (2018, November 2). 'Dermalogica's Founder Thinks People-Pleasing Leads to Mediocrity'. *Eater*. https://www.eater.com/2018/11/2/18047774/dermalogicas-ceo-jane-wurwand-start-to-sale
- The Diary Of A CEO. (2022, June 13). 'Dermalogica Founder: Building A Billion Dollar Business While Looking After Your Mental Health' [Video file]. YouTube. https://www.youtube.com/watch?v=0KDESUdPRXs

法則 13

- Battye, L. (2018, January 10). 'Why We're Loving It: The Psychology Behind the McDonald's Restaurant of the Future'. Behavioral economics.com. https://www.behavioraleconomics.com/lovingpsychology-behind-mcdonalds-restaurant-future
- Dmitracova, O. (2019, December 2). 'What companies can learn from behavioural psychology'. *Independent*. https://www.independent.co.uk/voices/customer-service-behavioural-psychology-uber-fred-reichheld-mckinsey-company-a9229931.html
- Duhigg, C. (2013). *The Power of Habit: Why We Do What We Do, and How to Change*. Random House.
- Fowler, G. (2014, July 22). 'The Secret to Uber's Success? It Isn't Technology'. *Wired*.

- Hogan, Candice. (2019, January 28). 'How Uber Leverages Applied Behavioral Science at Scale'. Uber Blog. https://www.uber.com/en-GB/blog/applied-behavioral-science-at-scale/
- Kim, W. C. and Mauborgne, R. (2004, October). 'Blue Ocean Strategy', *Harvard Business Review*.
- Sutherland, R. (2019). *Alchemy: The Surprising Power of Ideas that Don't Make Sense*. WH Allen.
- The Secret Developer. (2023, January 6). 'Uber's Psychological Moonshot. *Medium*. https://medium.com/@tsecretdeveloper/ubers-psychological-moonshot-8e75078722ae
- Uber. (2023). 'About Uber'. https://www.uber.com/us/en/about/

法則 14

- Ranganathan, C. (2019). *Friction is Fiction: The Future of Marketing*. HarperCollins Publishers.
- Sutherland, R. (2009). 'Life lessons from an ad man'. TED Conferences. [Video file] https://www.ted.com/talks/rory_sutherland_life_lessons_from_an_ad_man
- Tversky, A. and Kahneman, D. (1974). 'Judgment under uncertainty: Heuristics and Biases'. *Science*, 185(4157), 1124-1131. https://doi:10.1126/science.185.4157.1124
- Wertenbroch, K. and Skiera, B. (2002). 'Measuring Consumers' Willingness to Pay at the Point of Purchase'. *Journal of Marketing Research*, 39(2), 228-241. https://doi.org/10.1509/jmkr.39.2.228.19086
- West, P. M., Brown, C. L. and Hoch, S. J. (1996). 'Consumption vocabulary and preference formation'. *Journal of Consumer Research*, 23(2), 120-135.

法則 15

- Babin, B. J., Hardesty, D. M. and Suter, T. A. (2003). 'Color and shopping intentions: The intervening effect of price fairness and perceived affect'. *Journal of Business Research*, 56(7), 541-551. https://doi.org/10.1016/S0148-2963(01)00246-6
- Khan, U. and Dhar, R. (2006). 'Licensing Effect in Consumer Choice'. *Journal of Marketing Research*, 43(2), 259-266.
- Kivetz, R. and Simonson, I. (2002). 'Earning the Right to Indulge: Effort as a Determinant of Customer Preferences Toward Frequency Program Rewards'. *Journal of Marketing Research*, 39(2), 155-170.
- Koelbel, C. and Helgeson, J. G. (2008). 'Scarcity appeals in advertising: Theoretical and empirical considerations'. *Journal of Advertising*, 37(1), 19-33.
- Kotler, P., Kartajaya, H. and Setiawan, I. (2017). *Marketing 4.0: Moving from traditional to digital*. John Wiley & Sons.
- Levy, S.J. (1959). 'Symbols for sale'. *Harvard Business Review*, 37(4), 117-124.
- Müller-Lyer, FC (1889). 'Optische Urteilstäuschungen'. *Archiv für Physiologie Suppl.* 1889: 263–270

- Thaler, R. H. (1985). 'Mental accounting and consumer choice'. *Marketing Science*, 4(3), 199-214.
- WHOOP. (2023). WHOOP Homepage. Retrieved 1 May, 2023. https://www.whoop.com/

法則 16

- Alagappan, Sathesh. (2014, December 15). 'The Goldilocks Effect: Simple but clever marketing'. *Medium*. https://medium.com/@WinstonWolfDigi/the-goldilocks-effect-simple-but-clevermarketing-dfb87f4fa58c
- Ariely, D. (2009, May 19). 'Are we in control of our decisions?' [Video file]. TED Conferences. https://www.youtube.com/watch?v=9X68dm92HVI
- Clear, J. (2020, February 4). 'The Goldilocks Rule: How to Stay Motivated in Life and Business'. https://jamesclear.com/goldilocks-rule
- Cunff, A. L. (2020). 'The Goldilocks Principle of Stress and Anxiety'. Ness Labs. https://nesslabs.com/goldilocks-principle
- Kemp, S. (2019). 'The Goldilocks Effect: Using Anchoring to Boost Your Conversion Rates'. Neil Patel. https://neilpatel.com/blog/goldilocks-effect/
- Kinnu. (2023, January 11). 'What is the Anchoring Bias and How Does it Impact Our Decision-Making?'. https://kinnu.xyz/kinnuverse/science/cognitive-biases/how-mental-shortcuts-filter-information/
- Tversky, A. and Kahneman, D. (1991). 'Loss Aversion in Riskless Choice: A Reference-Dependent Model'. *The Quarterly Journal of Economics*, 106(4), 1039–1061. https://doi.org/10.2307/2937956

法則 17

- Bratton, J. and Gold, J. (2012). *Human Resource Management: Theory and Practice* (5th ed.). Palgrave Macmillan.
- Build-A-Bear. (n.d.). About Build-A-Bear Workshop®. Retrieved 1 May, 2023. https://www.buildabear.com/about-us.html
- Buric, R. (2022). 'The Endowment Effect – Everything You Need to Know'. InsideBE. https://insidebe.com/articles/the-endowment-effect-2/
- Kahneman, D. and Tversky, A. (1979). 'Prospect theory: An Analysis of Decision Under Risk', *Econometrica*, 47(2), 263-292. https://doi.org/10.2307/1914185
- Kivetz, R., Urminsky, O. and Zheng, Y. (2006). 'The Goal-Gradient Hypothesis Resurrected: Purchase Acceleration, Illusionary Goal Progress, and Customer Retention'. *Journal of Marketing Research* 43(1),39-58. https://doi.org/10.1509/jmkr.43.1.39
- Thaler, R. (1985). 'Mental Accounting and Consumer Choice'. *Marketing Science*, 4(3), 199-214. https://doi.org/10.1287/mksc.4.3.199

- Vohs, K. D., Mead, N. L. and Goode, M. R. (2008). 'Merely Activating the Concept of Money Changes Personal and Interpersonal Behavior', *Current Directions in Psychological Science* 17(3), 208-212. https://doi.org/10.1111/j.1467-8721.2008.00576.x

法則 18

- Becker, H. S. (2007). *Writing for Social Scientists: How to Start and Finish Your Thesis, Book, or Article* (2nd ed.). University of Chicago Press.
- Duistermaat, H. (2013). *How to Write Seductive Web Copy: An Easy Guide to Picking Up More Customers*. Henneke Duistermaat.
- Ferriss, T. (2016). *Tools of Titans: The Tactics, Routines, and Habits of Billionaires, Icons, and World-Class Performers*. Vermilion.
- Godin, S. (2012). *All Marketers Are Liars: The Power of Telling Authentic Stories in a Low-Trust World*. Portfolio Penguin.
- Godin, S. (2012). *The Icarus Deception: How High Will You Fly?* Portfolio Penguin.
- Guberman, R. (2016). *The Ultimate Guide to Video Marketing*. Entrepreneur Press.
- Johnson, M. (n.d.). 'The Power of Pause'. Ethos3 – a presentation training and design agency. https://ethos3.com/the-power-of-pause/
- Kawasaki, G. (2004). *The Art of the Start: The Time-Tested, Battle-Hardened Guide for Anyone Starting Anything*. Portfolio Penguin.
- Pink, D. H. (2005). *A Whole New Mind: Why Right-Brainers Will Rule the Future*. Riverhead Books.
- Ries, E. (2011). *The Lean Startup: How Today's Entrepreneurs Use Continuous Innovation to Create Radically Successful Businesses*. Crown Business.
- Robbins, T. (2017). *Unshakeable: Your Financial Freedom Playbook*. Simon & Schuster.
- Sinek, S. (2011). *Start with Why: How Great Leaders Inspire Everyone to Take Action*. Portfolio Penguin.
- Thiel, P. with Masters, B. (2014). *Zero to One: Notes on Startups, or How to Build the Future*. Currency.
- Vaynerchuk, G. (2013). *Jab, Jab, Jab, Right Hook: How to Tell Your Story in a Noisy Social World*. HarperBusiness.
- Vorster, Andrew. (2021). '7 seconds'. https://www.andrewvorster.com/7-seconds/

法則 19

- Altman, D. (2023, January 12). 'Go Big by Thinking Small: The Power of Incrementalism'. Project Management Institute. https://community.pmi.org/blog-post/73777/go-big-by-thinking-smallthe-power-of-incrementalism-theory#_=_
- Amabile, T. M. and Kramer, S. J. (2011, May). 'The Power of Small Wins'. *Harvard Business Review*. https://hbr.org/2011/05/the-power-of-small-wins

- Clifford, J. (2014, February 10) 'Power to the People – Toyota's Suggestion System'. Toyota UK Magazine. https://mag.toyota.co.uk/toyota-and-the-power-of-suggestion
- Cunff, A. L. (2020). 'Constructive criticism: how to give and receive feedback'. Ness Labs. https://nesslabs.com/constructivecriticism-give-receive-feedback
- Laloux, F. (2014). *Reinventing Organizations: A Guide to Creating Organizations Inspired By the Next Stage in Human Consciousness*. Nelson Parker.
- Liker, J. K. (2004). *The Toyota Way: 14 Management Principles From the World's Greatest Manufacturer*. McGraw-Hill.
- Senge, P. M. (1980). *The Fifth Discipline: The Art and Practice of the Learning Organization*. Doubleday.
- Spear, S. J., & Bowen, H. K. (1999). 'Decoding the DNA of the Toyota production system'. *Harvard Business Review*, 77(5), 96-106.
- Kos, B. (2023, April 12) 'Kaizen - Constant improvement as the winning strategy' Spica. https://www.spica.com/blog/kaizen-method
- Toyota Blog. (2013, May 31). 'What is kaizen and how does Toyota use it?'. Toyota UK Magazine. https://mag.toyota.co.uk/kaizen-toyota-production-system/#:~:text=Kaizen%20(English%3A%20Continuous%20improvement)%3A,maximise%20productivity%20at%20every%20worksite.
- Womack, J. P. and Jones, D. T. (2003). *Lean Thinking: Banish Waste and Create Wealth in Your Corporation*. Simon and Schuster.
- Wye, Alistair. (2020, November 20). 'Never ignore marginal gains. The secret of how a 1% gain each day adds up to massive results for legal organisations'. Lawtomated. https://lawtomated.com/never-ignore-marginal-gains-the-secret-of-how-a-1-gain-each-dayadds-up-to-massive-results-for-legal-organisations

法則 20

- Barbie, D. J. (ed.) (2012). *Tiger Woods Phenomenon: Essays on the Cultural Impact of Golf's Fallible Superman*. McFarland & Co.
- Barabási, A.-L. (2018). *The Formula: The Universal Laws of Success*. Simon & Schuster.
- Darwin, C. (1859). *On the Origin of Species by Means of Natural Selection, or the Preservation of Favoured Races in the Struggle for Life*. John Murray.
- Gottman, J. M. and Silver, N. (2018). *Seven Principles for Making Marriage Work: A Practical Guide from the Country's Foremost Relationship Expert*. Harmony.
- Hammer, M. and Champy, J. (1993). *Reengineering the Corporation: A Manifesto for Business Revolution*. Harper Business.
- Harmon, B. and Andrisani, J. (1998). *Butch Harmon's Playing Lessons*. Simon & Schuster.
- Kaizen Institute. (n.d.). 'What is kaizen?'. https://www.kaizen.com/about-us/what-is-kaizen.html

- Kanigel, R. (2005). *The One Best way: Frederick Winslow Taylor and the Enigma of Efficiency*. MIT Press.
- Liker, J. K. (2004). *The Toyota Way: 14 Management Principles From the World's Greatest Manufacturer*. McGraw-Hill.
- McGrath, R. G. (2013). *The End of Competitive Advantage: How to Keep Your Strategy Moving as Fast as Your Business*. Harvard Business Review Press.
- Nakao, Y. (2014). *The Toyota way: Continuous improvement as a business strategy*. Business Expert Press.

法則 21

- Batten Institute University of Virginia Darden School of Business. (2012, June 20). 'Creating An Innovation Culture: Accepting Failure is Necessary'. *Forbes*. https://www.forbes.com/sites/darden/2012/06/20/creating-an-innovation-culture-accepting-failure-is-necessary/?sh=11dc9e21754f
- Bezos, J. (2017, April 17). '2016 Letter to Shareholders'. Amazon. Retrieved from https://www.amazon.com/p/feature/z6o9g6sysxur57t
- *Cold Call*. (2022, August 31). 'At Booking.com, Innovation Means Constant Failure'. [Podcast] *Harvard Business Review*. https://hbr.org/podcast/2019/09/at-booking-com-innovation-means-constant-failure
- Donovan, N. (2019, August 6). 'The role of experimentation at Booking.com'. Booking.com Partner Hub. https://partner.booking.com/en-gb/click-magazine/industry-perspectives/role-experimentation-bookingcom
- Hamel, G. and Zanini, M. (2016, September 5). 'Excess Management Is Costing the U.S. $3 Trillion Per Year'. *Harvard Business Review*. https://hbr.org/2016/09/excess-management-is-costing-the-us-3-trillion-per-year
- Hamel, G. (2018, October 29). 'Yes, You Can Eliminate Bureaucracy'. *Harvard Business Review*.
- Harris, S. (2014). *10% Happier: How I Tamed the Voice in My Head, Reduced Stress Without Losing My Edge, and Found Self-Help That Actually Works – A True Story*. Yellow Kite.
- IBM. (2021). 'IBM History'. Retrieved from https://www.ibm.com/ibm/history/history/
- Kahneman, D. (2011). *Thinking, Fast and Slow*. Farrar, Straus and Giroux.
- Kaizen Institute. (n.d.). 'What is kaizen?'. Retrieved from https://kaizen.com/what-is-kaizen.shtml
- Kim, E. (2016, May 28). 'How Amazon CEO Jeff Bezos has inspired people to change the way they think about failure'. *Business Insider India*. https://www.businessinsider.in/tech/how-amazon-ceo-jeff-bezos-has-inspired-people-to-change-the-way-they-think-about-failure/articleshow/52481780.cms
- Kotter, J. P. (1996). *Leading Change*. Harvard Business Review Press.

- Lencioni, P. (2012). *The Advantage: Why Organizational Health Trumps Everything Else in Business*. Jossey-Bass.
- Lindzon, J. (2022). 'Do we still need managers? Most workers say "no".' *Fast Company*. https://www.fastcompany.com/90716503/do-we-still-need-managers-most-workers-say-no
- Mackenzie, K. (2019). *What Is Empowerment, and How Does It Support Employee Motivation?* SHRM.
- Obama, B. (2020). *A Promised Land*. Viking.
- Peter, L. J. and Hull, R. (1969). *The Peter Principle: Why Things Always Go Wrong*. William Morrow.
- Ruimin, Z. (2007, February). 'Raising Haier'. *Harvard Business Review*. https://hbr.org/2007/02/raising-haier
- Sinek, S. (2011). *Start with Why: How Great Leaders Inspire Everyone to Take Action*. Portfolio Penguin.
- Stone, M. (2020, September 24). 'The pandemic became personal when Booking Holdings' CEO caught COVID-19. Now, he's taking on Airbnb and calling on the government to save a battered travel industry'. *Business Insider*. https://www.businessinsider.com/bookingholdings-ceo-airbnb-pandemic-travel-future-2020-9?r=US&IR=T
- Westrum, R. (2004). 'A typology of resilience situations'. *Journal of Contingencies and Crisis Management*, 12(3), 98-107.

法則 22

- Atkinson, E. (2022, October 20). 'Andes plane crash survivors have "no regrets" over resorting to cannibalism'. *Independent*. https://www.independent.co.uk/news/world/americas/andes-plane-crash-survivors-cannabalism-b2203833.html
- Delgado, K. J. (2009). 'Social Psychology in Action: A Critical Analysis of *Alive*'. https://corescholar.libraries.wright.edu/psych_student/2
- Mulvaney, K. (2021, October 13). 'Miracle of the Andes: How Survivors of the Flight Disaster Struggled to Stay Alive'. History. https://www.history.com/news/miracle-andes-disaster-survival
- Parrado, N. (2007). *Miracle in the Andes: 72 Days on the Mountain and My Long Trek Home*. Orion.
- Read, P. P. (1974). *Alive: The Story of the Andes Survivors*. J.B. Lippincott.
- Sterling, T. (2010). 'Thirty-two years of the "Alive" story'. *Air & Space Smithsonian*, 25(3), 16-22.
- Stroud, L. (2008). *Survive!: Essential Skills and Tactics to Get You Out of Anywhere – Alive*. William Morrow & Company.

法則 23

- Bride, H. (1912, April 20). 'Women Who Escaped Death Tell of Thrilling Rescues: Stories of Courage and Fortitude Told by Those Who Lived Through Sinking of Titanic'. *New York Times*.
- Carter, W. (1912). *How I Survived the Titanic*. New York: Century Co.
- Eyal, N. (2023, April 25). Personal communication.
- Gollwitzer, P. M. and Sheeran, P. (2006). 'Implementation Intentions and Goal Achievement: A Meta-analysis of Effects and Processes'. *Advances in Experimental Social Psychology*, 38, 69–119. https://doi.org/10.1016/S0065-2601(06)38002-1
- Hopkinson, D. (2014). Titanic: *Voices from the disaster*. Scholastic Press.
- Lynch, D. (1995). Titanic: *An Illustrated History*. Hyperion Books.
- Mowbray, J. (2003). *The Sinking of the Titanic: Eyewitness Accounts*. Dover Publications.
- Reed, J. (2019, August 2). 'Understanding The Psychology of Willful Blindness'. https://authorjoannereed.net/understanding-the-psychology-of-willful-blindness/#:~:text=%E2%80%9CThe%20psychology%20of%20willful%20blindness,to%20let%20out%20is%20crucial.
- Rosenberg, J. (2022). *The Ostrich Effect: The Psychology of Avoiding What We Most Fear and Deserve*. Viking Press.
- Sprott, D. E., Spangenberg, E. R. and Fischer, R. (2003). 'Reconceptualizing perceived value: The role of perceived risk'. *Journal of Consumer Research*, 30(3), 433–448.
- Thaler, R. H. (1999). 'Mental accounting matters'. *Journal of Behavioral Decision Making*, 12(3), 183–206. https://doi.org/10.1002/(SICI)1099-0771(199909)12:3<183::AID-BDM318>3.0.CO;2-F
- Vaillant G. E. (1994). 'Ego mechanisms of defense and personality psychopathology'. *Journal of Abnormal Psychology*. 103(1):44-50. https://doi: 10.1037//0021-843x.103.1.44. PMID: 8040479.

法則 24

- King, B. J. (2008). *Pressure is a Privilege*. LifeTime Media.
- Lazarus, R. S. and Folkman, S. (1984). Stress, Appraisal, and Coping. Springer Publishing Company.
- McGonigal, K. (2013). 'How to make stress your friend' [Video file].TED Conferences. https://www.ted.com/talks/kelly_mcgonigal_how_to_make_stress_your_friend
- Park, C. L. and Folkman, S. (1997). 'Meaning in the Context of Stress and Coping'. *Review of General Psychology*, 1(2), 115-144.
- Sapolsky, R. M. (2004). *Why Zebras Don't Get Ulcers: The Acclaimed Guide to Stress, Stress-related Diseases and Coping*. St. Martins Press.

- Sheldon, K. M. and Elliot, A. J. (1999). 'Goal striving, need satisfaction, and longitudinal well-being: The self-concordance model'. *Journal of Personality and Social Psychology*, 76(3), 482-497. https://doi.org/10.1037/0022-3514.76.3.482
- Smyth, J. and Hockemeyer, J. R. (1998). 'The beneficial effects of daily activity on mood: Evidence from a randomized, controlled study'. *Journal of Health Psychology*, 3(3), 357-373.
- Spreitzer, G. M. and Sonenshein, S. (2004). 'Toward the Construct Definition of Positive Deviance'. *American Behavioral Scientist*, 47(6), 828-847. https://doi.org/10.1177/0002764203260212
- Tedeschi, R. G. and Calhoun, L. G. (2004). 'Posttraumatic Growth: Conceptual Foundations and Empirical Evidence'. *Psychological Inquiry*, 15(1), 1-18. https://doi.org/10.1207/s15327965pli1501_01
- Wood, A. M. and Joseph, S. (2010). 'The absence of po psychological (eudemonic) well-being as a risk factor for depression: A ten-year cohort study'. *Journal of affective disorders*, 122(3), 213-217. https://doi:10.1016/j.jad.2009.06.032.

法則 25

- Custer, R. L. (2018). 'Why do startups fail?'. *US Small Business Administration*. https://www.sba.gov/sites/default/files/Business-Survival.pdf
- Delisle, J. (2017, April 2). 'Pre-mortem: an effective tool to avoid failure'. *Beeye*. https://www.mybeeye.com/blog/pre-mortemeffective-tool-to-prevent-failure
- Dweck, C. S. (2017). *Mindset – Updated Edition: Changing the Way You Think to Fulfil Your Potential*. Robinson.
- Kahneman, D. (2011). *Thinking, Fast and Slow*. Farrar, Straus and Giroux.
- Klein, G. (2007, September). 'Performing a Project Premortem'. *Harvard Business Review*. https://hbr.org/2007/09/performing-aproject-premortem
- Klein, G., Koller, T. and Lovallo, D. (2019, April 3). 'Bias Busters:Premortems: Being smart at the start'. *McKinsey Quarterly*. https://www.mckinsey.com/capabilities/strategy-and-corporate-finance/our-insights/bias-busters-premortems-being-smart-at-the-start
- Sharot, T. (2012). *The Optimism Bias: Why We're Wired to Look on the Bright Side*. Robinson.
- Shermer, M. (2012). *Believing Brain: From Ghosts and Gods to Politics and Conspiracies – How We Construct Beliefs and Reinforce Them as Truths*. Macmillan.
- Smith, K.G. and Hitt, M. A. (2005). *Great Minds in Management: The Process Of Theory Development*. Oxford University Press.
- Tversky, A. and Kahneman, D. (1974). 'Judgment Under Uncertainty: Heuristics and Biases'. *Science*, 185(4157), 1124-1131. https://doi.org/10.1126/science.185.4157.1124
- Wegner, D. M. (2003). *The Illusion of Conscious Will*. MIT Press.

法則 26

- American Psychological Association. (2010). *Publication Manual of the American Psychological Association* (6th ed.) American Psychological Association.
- Berman, M. G., Jonides, J., & Kaplan, S. (2008). 'The cognitive Benefits of Interacting with Nature'. *Psychological Science*, 19(12), 1207-1212. https://doi.org/10.1111/j.1467-9280.2008.02225.x
- US Bureau of Labor Statistics. (2022, April 8). 'Occupational Employment and Wages, May 2021'. United States Department of Labor. https://www.bls.gov/oes/current/oes_nat.htm
- Carhart-Harris, R. L., Bolstridge, M., Rucker, J., Day, C. M., Erritzoe, D., Kaelen, M., and Nutt, D. J. (2016). 'Psilocybin with psychological support for treatment-resistant depression: an open-label feasibility study'. *The Lancet Psychiatry*, 3(7), 619-627. https://doi.org/10.1016/S2215-0366(16)30065-7
- Hamilton, I. (2023, April 4). 'What Are The Highest-Paying Jobs in the U.S.?'. *Forbes Advisor*. https://www.forbes.com/advisor/education/what-are-the-highest-paying-jobs-in-the-u-s/
- Hankel, I. (2021, January 8). 'In a Crowded Job Market, Here Are the Right Skills for the Future'. *Forbes*. https://www.forbes.com/sites/forbesbusinesscouncil/2021/01/08/in-a-crowded-job-markethere-are-the-right-skills-for-the-future/
- Jeung, D. Y., Kim, C., and Chang, S. J. (2018). 'Emotional Labor and Burnout: A Review of the Literature'. *Yonsei Medical Journal*, 59(2):187-193. https://doi:10.3349/ymj.2018.59.2.187. PMID: 29436185; PMCID: PMC5823819.
- Markman, A. (2012). *Smart Thinking: How to Think Big, Innovate and Outperform Your Rivals*. Piatkus.
- Markman, A. (2023). '3 signs you need to improve your emotional intelligence'. *Fast Company*. https://www.fastcompany.com/90839541/signs-need-work-emotional-intelligence
- Martocchio, J. J. (2018). *Strategic Compensation: A Human Resource Management Approach* (9th ed.). Pearson.
- Perlo-Freeman, S., & Sköns, E. (2021). 'The State of Peace and Security in Africa 2021'. Stockholm International Peace Research Institute(SIPRI).
- Reffold, K. (2019, March 28). 'Command A Higher Salary With These Five Strategies'. *Forbes*. https://www.forbes.com/sites/forbeshumanresourcescouncil/2019/03/28/command-a-higher-salary-with-these-five-strategies/?sh=353bea346467
- Rice, R. E. (2009). 'The internet and health communication: A framework of experiences'. In Dillard, J.P. and Pfau, M. (eds.), *The Persuasion Handbook: Developments in theory and practice* (pp. 325-344). Sage.
- Sadun, R., Fuller, J., Hansen, S. and Neal, P. J. (2022, July-August) 'The C-Suite

Skills That Matter Most'. *Harvard Business Review* 100(4) 42–50. https://hbr.org/2022/07/the-c-suite-skills-that-matter-most
- Stewart, D. W. and Kamins, M. A. (1993). *Secondary Research: Information Sources and Methods* (2nd ed.). Sage Publications.
- Van Hoof, H. (2013). 'Social Media in Tourism and Hospitality:A Literature Review'. *Journal of Travel and Tourism*. https://www.academia.edu/14370892/Social_Media_in_Tourism_and_Hospitality_A_Literature_Review

法則 27

- Carver, C. S., Scheier, M. F. and Segerstrom, S. C. (2010). 'Optimism'. *Clinical Psychology Review*, 30(7), 879–889. https://doi.org/10.1016/j.cpr.2010.01.006
- Cohn, M.A., Fredrickson, B.L., Bown, S.L., Mikels, J.A. and Conway, A.M. (2009). 'Happiness unpacked: Positive emotions increase life satisfaction by building resilience'. *Emotion*, 9(3), 361–368. https://doi.org/10.1037/a0018895
- Davis, D. E., Choe, E., Meyers, J., Wade, N., Varjas, K., Gifford, A. and Worthington, E. L. (2016). 'Thankful for the little things: A metaanalysis of gratitude interventions'. *Journal of Counseling Psychology*,63(1), 20–31. https://doi.org/10.1037/cou0000107
- Harvey, M. (2019). *The Discipline of Entrepreneurship*. Bantam Press.
- Huta, V. and Waterman, A. S. (2014). 'Eudaimonia and its Distinction from Hedonia: Developing a classification and Terminology for Understanding Conceptual and operational Definitions'. *Journal of Happiness Studies*, 15, 1425–1456. https://doi.org/10.1007/s10902-013-9485-0
- Mastracci, S. H. (2018). *Work smart, not hard: Organizational tips and tools that will change your life*. Chronos Publications.
- Patterson, K., Grenny, J., McMillan, R. and Switzler, A. (2002). *Crucial Conversations: Tools for Talking When Stakes are High*. McGraw-Hill Education.
- Rudd, M., Vohs, K. D. and Aaker, J. (2012). 'Awe Expands People's Perception of Time, Alters Decision Making, and Enhances Well-being'. *Psychological Science*, 23(10), 1130–1136. https://doi.org/10.1177/0956797612438731
- Scheier, M. F. and Carver, C. S. (1985). 'Optimism, coping, and health: Assessment and implications of generalized outcome expectancies'. *Health Psychology*, 4(3), 219–247. https://doi.org/10.1037/0278-6133.4.3.219
- Sinek, S. (2011). *Start with Why: How Great Leaders Inspire Everyone to Take Action*. Portfolio Penguin.
- Tracy, B. (2003). *Eat that Frog!: 21 Great Ways to Stop Procrastinating and Get More Done in Less Time*. Berrett-Koehler Publishers.
- United Nations Department of Economic and Social Affairs, Population Division. (2021). 'World Population Prospects 2019: Data Booklet'. United Nations.

- Vanderkam, L. (2018). *Off the Clock: Feel Less Busy While Getting More Done*. Portfolio Penguin.
- World Health Organization. (2021). 'GHE: Life expectancy and healthy life expectancy'. WHO.

法則 28

- Branson, R. (2015). *The Virgin Way: How to Listen, Learn, Laugh and Lead*. Virgin Books.
- Etem, J. (2017, August 10). 'Steve Jobs on Hiring Truly Gifted People' [Video file]. YouTube. https://www.youtube.com/watch?v=a7mS9ZdU6k4
- Friedman, T. L. (2005). *The world is flat: A brief history of the twenty-first century*. Farrar, Straus and Giroux.
- *The Diary Of A CEO*. (2021, November 15). 'Jimmy Carr: The Easiest Way To Live A Happier Life' [Video file]. YouTube. https://www.youtube.com/watch?v=roROKlZhZyo
- *The Diary Of A CEO*. (2022, December 12). 'Richard Branson: How A Dyslexic Drop-out Built A Billion Dollar Empire' [Video file]. YouTube. https://www.youtube.com/watch?v=-Fmiqik4jh0
- Virgin Group. (n.d.). 'Our Story'. Virgin. https://www.virgin.com/about-virgin/our-story

法則 29

- Collins, J., Portas, J. and Collins, J. (2005). *Built to Last: Successful Habits of Visionary Companies*. Random House Business.
- Higgins, D. M. (2019). 'The psychology of cults: An organizational perspective'. *Frontiers in psychology*, 10, 1291.
- Hogan, T. and Broadbent, C. (2017). *The Ultimate Start-up Guide: Marketing Lessons, War Stories, and Hard-Won Advice from Leading Venture Capitalists and Angel Investors*. New Page Books.
- Levy, S. (2011). *In the Plex: How Google Thinks, Works, and Shapes Our Lives*. Simon & Schuster.
- Pells, R. (2018). *Blue sky dreaming: How the Beatles became the architects of business success*. Bloomsbury Publishing.
- Thiel, P. with Masters, B. (2014). *Zero to One: Notes on Startups, or How to Build the Future*. Currency.

法則 30

- BBC Sport. (2013, May 8). 'Sir Alex Ferguson to retire as Manchester United manager'. https://www.bbc.co.uk/sport/football/22447018
- Branson, R. (2015). *The Virgin Way: How to Listen, Learn, Laugh and Lead*. Virgin Books.

- Elberse, A. (2013, October). 'Ferguson's Formula'. *Harvard Business Review*. https://hbr.org/2013/10/fergusons-formula
- Housman, M., and Minor, D. (2015, November). 'Toxic Workers'. Harvard Business School Working Paper, No. 16-057. (Revised November 2015.) https://www.hbs.edu/ris/Publication%20Files/16-057_d45c0b4f-fa19-49de-8f1b-4b12fe054fea.pdf
- Hytner, R. (2016, January 18). 'Sir Alex Ferguson on how to win'. London Business School. https://www.london.edu/think/sir-alexferguson-on-how-to-win
- Robbins, S. P., Coulter, M. and DeCenzo, D. A. (2016). *Fundamentals of Management*. Pearson.

法則 31

- BBC News. (2015, September 15). 'Viewpoint: Should we all be looking for marginal gains?' BBC News. https://www.bbc.co.uk/news/magazine-34247629
- Clear, J. (2020, February 4). 'This Coach Improved Every Tiny Thing by 1 Percent and Here's What Happened'. https://jamesclear.com/marginal-gains
- Gawande, A. (2011, September 26). 'Personal best'. *New Yorker*. https://www.newyorker.com/magazine/2011/10/03/personal-best
- Medina, J. C. (2021, July 12). 'How To Make Small Changes For Big Impacts'. *Forbes*. https://www.forbes.com/sites/financialfinesse/2021/07/12/how-to-make-small-changes-for-big-impacts/?sh=54ead259401b
- Mehta, K. (2021, February 23). 'The most mentally tough people apply the 1% "marginal gains" rule, says performance expert—here's how it works'. *CNBC*.
- *The Diary Of A CEO*. (2022, January 17). 'The "Winning Expert": How To Become The Best You Can Be: Sir David Brailsford' [Video file]. YouTube. https://www.youtube.com/watch?v=nTiqySjdD6s
- Tomlin, I. (2021, May 27). 'How A Marginal Gains Approach Can Transform Your Sales Conversations'. *Forbes*. https://www.forbes.com/sites/forbescommunicationscouncil/2021/05/27/how-a-marginal-gains-approach-can-transform-your-sales-conversations/?sh=2eb-47c5a2bad

法則 32

- Elberse, A. (2013, October). 'Ferguson's Formula'. Harvard Business Review. https://hbr.org/2013/10/fergusons-formula
- Evanish, J. (2022). 'Master the Leadership Paradox: Be Consistently Inconsistent'. *Lighthouse – Blog About Leadership & Management Advice*. https://getlighthouse.com/blog/leadership-paradox-consistentlyinconsistent/
- *The Diary Of A CEO*. (2021, April 12). 'Rio Ferdinand Reveals The Training Ground & Dressing Room Secrets That Made United Unbeatable' [Video file]. YouTube. https://www.youtube.com/watch?v=CwpSViM8MaY

- *The Diary Of A CEO*. (2021, November 8). 'Patrice Evra: Learning How To Cry Saved My Life' [Video file]. YouTube. https://www.youtube.com/watch?v=UbF4p4yTfIY
- *The Diary Of A CEO*. (2022, August 18). 'Gary Neville: From Football Legend To Building A Business Empire' [Video file]. YouTube. https://www.youtube.com/watch?v=cMCucLELzd0

致謝

Melanie Lopes
Graham Bartlett
Esther Bartlett
Jason Bartlett
Mandi Bartlett
Kevin Bartlett
Julija Bartlett
Alessandra Bartlett
Amélie Bartlett
Jacob Bartlett
Thomas Frebel
Sophie Chapman
Michael James
Dom Murray
Grace Andrews
Jack Sylvester
Danny Gray
Emma Williams
Jemima Erith
Berta Lozano
Olivia Podmore
Josh Winter
Anthony Smith
Harry Balden
Ross Field
Holly Hayes
Grace Miller
Jemima Carr-Jones
Meghana Garlapati
Charles Rossy
Shereen Paul

William Lindsay-Perez
Smyly Acheampong
Stephanie Ledigo
Damon Elleston
Qudus Afolabi
Oliver Yonchev
Ash Jones
Dom McGregor
Michael Heaven
Anthony Logan
Marcus Heaven
Adrian Sington
Drummond Moir
Jessica Anderson
Jessica Patel
Laura Nicol
Lydia Yadi
Abby Watson
Joel Rickett
Vanessa Milton
Shasmin Mozomil
Vyki Hendy
Richard Lennon
Hannah Cawse
Carmen Byers
Heather Faulls
Amanda Lang
Mary Kate Rogers
Jessica Regione
Radhanath Swami

Tali Sharot
Julian Treasure
Hannah Anderson
Rory Sutherland
Chris Eubank Jr
Johann Hari
Daniel Pink
Nir Eyal
Gary Brecka
Sir Richard Branson
Jimmy Carr
Rio Ferdinand
Barbara Corcoran
Patrice Evra
Gary Neville

執行長日記

關於事業與人生的33條法則

作　　者｜史蒂文・巴列特 Steven Bartlett
譯　　者｜張嘉倫 Jessie Chang

責任編輯｜許芳菁 Carolyn Hsu
　　　　　黃莀荍 Bess Huang
責任行銷｜朱韻淑 Vina Ju
封面裝幀｜兒日設計
內頁插畫｜Vyki Hendy
內頁設計｜謝捲子@誠美作
內頁手寫｜謝捲子@誠美作
版面構成｜譚思敏 Emma Tan
校　　對｜葉怡慧 Carol Yeh

發 行 人｜林隆奮 Frank Lin
社　　長｜蘇國林 Green Su

總 編 輯｜葉怡慧 Carol Yeh
主　　編｜鄭世佳 Josephine Cheng
行銷經理｜朱韻淑 Vina Ju
業務處長｜吳宗庭 Tim Wu
業務主任｜鍾依娟 Irina Chung
　　　　　林裴瑤 Sandy Lin
業務秘書｜陳曉琪 Angel Chen
　　　　　莊皓雯 Gia Chuang

發行公司｜悅知文化　精誠資訊股份有限公司
地　　址｜105台北市松山區復興北路99號12樓
專　　線｜(02) 2719-8811
傳　　真｜(02) 2719-7980
網　　址｜http://www.delightpress.com.tw
客服信箱｜cs@delightpress.com.tw
ISBN：978-626-7721-31-5
三版一刷｜2025年08月
建議售價｜新台幣480元

國家圖書館出版品預行編目資料

執行長日記：關於事業與人生的33條法則／史蒂文・巴列特(Steven Bartlett)著；張嘉倫譯. -- 三版. -- 臺北市：悅知文化精誠資訊股份有限公司, 2025.08
　　面；　公分
譯自：The Diary Of A CEO : the 33 laws of business and life.
ISBN　978-626-7721-31-5 (平裝)
1.CST: 創業 2.CST: 企業經營 3.CST: 成功法
494.1　　　　　　　　　　　　　　114010615

建議分類｜企業經營

著作權聲明

本書之封面、內文、編排等著作權或其他智慧財產權均歸精誠資訊股份有限公司所有或授權精誠資訊股份有限公司為合法之權利使用人，未經書面授權同意，不得以任何形式轉載、複製、引用於任何平面或電子網路。

商標聲明

書中所引用之商標及產品名稱分屬於其合法註冊公司所有，使用者未取得書面許可，不得以任何形式予以變更、重製、出版、轉載、散佈或傳揚，違者依法追究責任。

版權所有　翻印必究

本書若有缺頁、破損或裝訂錯誤，請寄回更換
Printed in Taiwan

Copyright © Steven Bartlett, 2023
First published as The Diary of a CEO: The 33 Laws of Business and Life in 2023 by Ebury Edge,
an imprint of Ebury Publishing. Ebury Publishing is part of the Penguin Random House group
of companies.
No part of this book may be used or reproduced in any manner for the purpose of training
artificial intelligence technologies or systems. This work is reserved from text and data
mining (Article 4(3) Directive (EU) 2019/790).

Illustrations by Vyki Hendy